Josef Schöchl

Der Rabe und der schlechte Leumund

Verblüffendes
aus dem Reich der Tiere

Josef Schöchl

Der Rabe und der schlechte Leumund

Verblüffendes aus dem Reich der Tiere

VERLAG ANTON PUSTET

Gefördert durch:
STADT : SALZBURG

Impressum

Bibliografische Information der Deutschen Nationalbibliothek
Die Deutsche Nationalbibliothek verzeichnet diese Publikation
in der Deutschen Nationalbibliografie; detaillierte bibliografische
Daten sind im Internet über http: //dnb.d-nb.de abrufbar.

Grafik, Satz und Produktion: Tanja Kühnel
Lektorat: Martina Schneider
Druck: FINIDR, s.r.o.
Gedruckt in der EU

ISBN 978-3-7025-1057-2

www.pustet.at

Emil, meinem Appenzeller Sennenhund gewidmet, der beim Schreiben des Buches stets geduldig neben meinem Schreibtisch lag.

Inhalt

Inhalt

Vorwort

Am Anfang des Buches stand mein ungläubiges Staunen über die Fähigkeiten der Tiere und der Wunsch, dieses Staunen zu teilen.

In Lauf der Jahrmillionen haben Tiere unglaubliche Eigenschaften und ausgeklügelte Verhaltensweisen entwickelt und eindrucksvolle körperliche Anpassungen vollzogen, um das eigene Überleben, ihre Vermehrung, die Weitergabe der Gene und den Fortbestand der eigenen Art zu sichern:

Den Tod so täuschend echt zu spielen, dass er das Leben rettet, über Wasser zu laufen oder in der Tiefe des Wüstensands zu schwimmen, sich in einer Taucherglocke wohnlich einzurichten oder mit dem absoluten Schwarz zu imponieren, sich in andere Wesen zu verwandeln oder ohne Unterbrechung schwanger zu sein sind einige davon.

Tieren ist es gelungen, die unterschiedlichsten Lebensräume auf dieser Welt zu besiedeln. Sie sind dabei aber immer Teil ihrer Umwelt und stehen in engen Wechselbeziehungen und Abhängigkeiten zu und von anderen Lebewesen. Dieses sensible Gleichgewicht hat sich durch die Evolution langsam entwickelt und angepasst. Voraussetzung für ein Weiterbestehen dieses Gleichgewichts sind intakte Lebensräume und Landschaften. Nur sie ermöglichen die notwendige Artenvielfalt und die genetische Vielfalt innerhalb der Arten. Was über unvorstellbar lange Zeiträume entstand, wird oft durch den rücksichtlosen und auch kurzsichtigen Eingriff des Menschen innerhalb weniger Momente zerstört und geht unwiederbringlich verloren. Durch den Verlust der Vielfalt in der Natur schränkt der Mensch auch seine eigenen Zukunftschancen radikal ein.

Die Beschreibung von unterschiedlichen, aber immer verblüffenden und bewundernswerten tierischen Eigenschaften soll dazu beitragen, unseren Mitgeschöpfen mehr Rücksichtnahme und diesen Wundern der Natur mehr Achtsamkeit entgegenzubringen.

Josef Schöchl

Der Apothekerskink und das Schwimmen im Sand

Als Arzneimittel waren diese Tiere schon im Altertum begehrt. Für verschiedene Gebrechen und Leiden wurde ihnen starke Heilwirkung zugeschrieben, genauso wie für die Stärkung der Liebeskraft.

Die medizinische Anwendung in Europa wurde aus der arabischen Heilkunde übernommen. Vor dem Transport aus dem Nahen Osten nach Europa wurden diese Tiere ausgeweidet, getrocknet und schließlich, in Lavendelblüten eingehüllt, versendet. In den Apotheken wurden die getrockneten Echsen entweder zu Pulver zermahlen oder verbrannt und ihre Asche verkauft. Daher gab im Jahr 1768 ein Wiener Arzt dieser Tierart auch der Namen *Scincus officinalis,* also Apothekerskink. Da sich weder die gesundheitlichen noch die aphrodisierenden Wirkungen bewahrheiteten, ist heute der zoologische Name *Scincus scincus.* Die deutsche Bezeichnung „Apothekerskink" ist dem Tier jedoch geblieben.
„Sandfisch" hingegen beschreibt dieses nur etwa 20 Zentimeter große Reptil sehr genau. Sein Lebensraum sind die Sandwüsten Nordafrikas und des arabischen Raums. Den allergrößten Teil seines Lebens verbringt der Skink eingegraben im feinen Wüstensand. Die Tiere kommen nur an die Oberfläche, um zu fressen, ihren Darm zu entleeren oder sich zu paaren. Kaum droht die leiseste Gefahr, verschwindet die Echse aber wieder zur Gänze im Sand und wird unsichtbar. In ihrem Element können sich die Skinke fortbewegen wie Fische im Wasser. Durch ihre schlängelnden Bewegungen erwecken sie den Eindruck, als ob sie tief im Sand schwämmen.

Der Apothekerskink kann bei seinen langen „Tauchgängen" atmen, ohne Sandpartikel in die Lunge zu bekommen. Dafür hat der Sandfisch eine spezielle Filtertechnik in der Nasenhöhle entwickelt. Diese besteht nahe der Nase aus einem kurzen, runden Kanal, der sich dann zu einer Kammer erweitert, in der sich der eingeatmete Sand absetzt. Die Entleerung dieser Sandansammlung bei jedem Atemzug ist Folge einer ausgeklügelten Atemtechnik des Skinks. Der Sandfisch atmet langsam in durchschnittlich zwei Sekunden ein. Die Ausatmung erfolgt aber sehr rasch innerhalb von nur 40 Millisekunden – vergleichbar mit einem Niesen – und das bei jedem Atemzug.

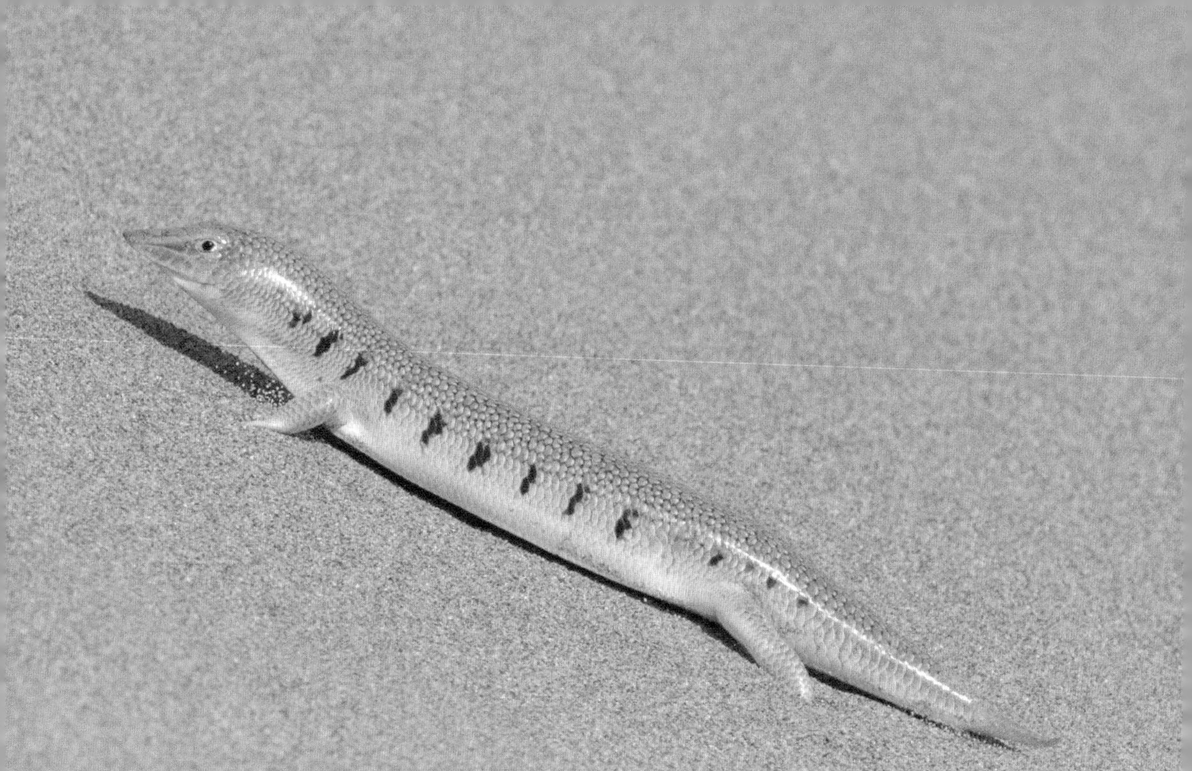

Damit er überhaupt im Sand schwimmen kann und nicht durch die Reibung stecken bleibt, hat der Sandfisch eine sehr glatte Haut, an der keine Sandkörner haften können. Sie ist zudem deutlich abriebfester als Oberflächen aus Stahl oder Glas, die bei dauerndem Sandkontakt bald Abriebspuren aufweisen. Die Haut des Sandfisches ist aber nur im sichtbaren Bereich vollkommen glatt. Es erheben sich unzählige, nur im Elektronenmikroskop erkennbare Schwellen quer zur Bewegungsrichtung aus der Schuppenhaut. Ein Sandkorn gleitet bei einem Kontakt gleichzeitig über mehrere Dutzend solcher Stege, die ähnlich wie Eisenbahnschwellen die Kraft verteilen und verhindern, dass es zu einer hohen Beanspruchung an nur einem Punkt der Haut kommt.

Die Apothekerskinke sind ein natürliches Vorbild für Reibungs- und Verschleißminderung von Oberflächen und damit auch ein intensives Forschungsobjekt der Bionik, die sich bemüht, Phänomene der Natur auf die menschliche Technik zu übertragen.

Der Basilisk und der Gang über das Wasser

Für ihn gelten die Gesetze der Physik scheinbar nicht. Basilisken können sich auf dem Wasser bewegen, als wäre es fester Untergrund.

Basilisken (*Basiliscus*) sind eine Gattung aus der Familie der Leguanartigen, die vier Arten umfasst, nämlich den Helm-, den Ecuador-, den Streifenlappen- und den Stirnlappenbasilisken (Abb.)

Ihre Namen haben die Basilisken vom gleichnamigen Fabelwesen, weil sie mit ihren Hautkämmen an Kopf, Rücken und Schwanz an dessen mythisches Aussehen erinnern. Schon der römische Gelehrte Plinius der Ältere erwähnte den Basilisken in seiner *Naturalis historia* und schrieb ihm überirdische, verderbende Kräfte zu. Besonders im Mittelalter wurden die Geschichten über das Fabeltier Basilisk oft erzählt. Daher findet er sich in einer Vielzahl von Büchern, Bildern und Wappen. Noch heute muss er die Rolle des Ungeheuers einnehmen, das bezwungen werden muss, wie in dem berühmten Harry Potter-Roman „Kammer des Schreckens“ von J.K. Rowling.

Man könnte fast annehmen, dass diese Leguanarten dem Fabelwesen wirklich Pate gestanden haben und dieses Vorbild von der menschlichen Fantasie nur noch ausgeschmückt wurde. Das ist aber unmöglich, da unsere Vorfahren in der Antike ihn gar nicht kennen konnten. Sein Lebensraum in den tropischen Regenwäldern erstreckt sich nämlich von Mittelamerika bis in den Norden Brasiliens. Die Tiere ernähren sich hauptsächlich von Insekten, Schnecken, Fröschen und Fischen, aber auch von Pflanzen und Früchten.

Die Basilisken leben vor allem auf Bäumen, jedoch nie weit entfernt von Seen, Flüssen und Bächen. Kommt ihnen ihr Hauptfeind, eine Schlange, oder eine andere Gefahr zu nahe, lassen sie sich vom Baum einfach ins Wasser fallen. Dort angekommen, erheben sie sich sogleich und laufen aufrecht über das Wasser. Eine mehr als erstaunliche Leistung. Immerhin ist der größte Basilisk bis zu ein halbes Kilogramm schwer und 90 Zentimeter lang, wobei der für das Gleichgewicht verantwortliche Schwanz bis zu drei Viertel der Gesamtlänge des Tieres ausmacht.

Der Basilisk schlägt den Fuß auf dem Wasser auf und durch die spezielle Struktur der Sohle bilden sich darunter kleine Luftpolster, die für Auftrieb sorgen und ihn vorwärtsbringen. Ist der Fuß dann unter Wasser, wird er wie ein Ruder mit großer Kraft nach hinten gestoßen, was zusätzlichen Schub verleiht. Wichtig ist die Laufgeschwindigkeit von zehn bis zwölf Kilometern pro Stunde, denn je schneller etwas auf der Wasseroberfläche auftrifft, umso fester wird diese als Untergrund. Wenn Basilisken nach ihrem Gang über das Wasser schließlich doch eintauchen, setzen sie als ausgezeichnete Schwimmer und Taucher ihre Reise über oder unter Wasser fort.

Da ihr Gang auf dem Wasser natürlich an den Bericht aus dem Evangelium erinnert, werden die Basilisken auch „Jesus-Christus-Echsen" genannt.

Mancher Basilisk wird auch in einem Terrarium gehalten. Dort wird er aber kaum seine natürlichen Bedürfnisse befriedigen oder seine genialen Eigenschaften ausleben können.

Die Bolaspinne und der betörende Tropfen

Das Spinnennetz ist bei fast allen Radnetzspinnen die Fangmethode, um Fluginsekten zu erbeuten. Doch nicht alle der etwa 2800 Arten bauen solche Kunstwerke. Bei einigen Arten haben sich andere, außergewöhnliche Jagdmethoden entwickelt.

Besonders trickreich sind die Bolaspinnen (*Mastophoreae*), die weltweit in drei Gattungen vorkommen, jeweils eine in Australien, in Afrika und in Nordamerika. Zum Insektenfang brauchen diese Spinnen nur einen einzigen Faden. An dessen Ende ist ein Leimtropfen befestigt, mit dem sie nach vorbeifliegenden Faltern werfen.

Um die Wahrscheinlichkeit eines Jagderfolges zu erhöhen, ist in diesen Klebetropfen auch ein chemischer Köder eingemischt. Er enthält Sexualpheromone, Duftstoffe weiblicher Nachtfalter, die auf männliche Falter betörend, aber in diesem Fall meist auch tödlich wirken. Auf die durch den Duft angelockten Nachtfaltermännchen schleudern die Bolaspinnen treffsicher ihren Faden mit dem Leimtropfen. Daran bleiben die Insekten kleben und die Spinnen brauchen dann nur noch ihre „Angel" mit der Beute einzuholen.

Bei ihrer Jagd hängen die Bolaspinnen an einem Querfaden und halten den Faden mit dem Leimtropfen mit den Krallen eines Beines. Sobald sie Luftschwingungen wahrnehmen, beginnen sie mit dem Pendeln des Fadens und werfen gezielt auf sich nähernde Beute.

Durch ihre Jagdmethode sind die Bolaspinnen auch zu ihrem Namen gekommen, da diese an die Bola erinnert, eine vor allem in Südamerika gebräuchliche Wurfwaffe. Sie wird bei der Jagd, aber auch zum Fangen von entlaufenen Rindern eingesetzt. Sie besteht aus zusammengeknoteten Schnüren, an deren Ende ein Gewicht befestigt ist, das sich bei einem guten Treffer um die Füße wickelt.

Da für die verschiedenen Falter unterschiedliche Pheromone attraktiv sind, muss die Spinne auch den jeweils passenden Geruchsstoff in ihren Klebetropfen mischen. Da die Falter zu unterschiedlichen Nachtzeiten aktiv sind, wechselt die nordamerikanische Bolaspinne die chemische Zusammensetzung, um immer den adäquaten Köder an ihrer Angel zu haben.

Der Faden der Bolaspinne besteht wie die Fäden eines Spinnennetzes aus Spinnseide. Es gibt keine belastbarere Faser in der Natur. Bezogen auf ihr Gewicht ist sie wesentlich tragfähiger als Stahl und trotzdem so elastisch wie Gummi. Durch diese Eigenschaften können die Spinnenfäden auch die Wucht eines fliegenden Insekts aushalten, ohne zu zerreißen.

Die Beschaffenheit der Spinnseide ist die Folge der besonderen Struktur der Eiweißmoleküle, die sich aus verschiedenen Aminosäuren zusammensetzen. Jeder Faden ist eine Mischung aus jenen Säuren, die harte Kristallstrukturen bewirken und jenen, die eine gelartige Konsistenz zur Folge haben. Das ermöglicht Spinnen, den passenden Faden für jede Anforderung herzustellen. Im Normalfall besteht ein Faden aus mehreren Einzelfäden, die durch Leim oder ganz feine Wolle auch haftend sind. Damit können Spinnen nicht nur die geometrischen Radnetze mit Rahmen- und Speichenfäden weben, Beute einpacken, Wohnhöhlen oder Kokons für den Nachwuchs bauen, sondern eben auch Wurffäden wie die Bolaspinne herstellen.

Der Eisenplattenkäfer und der teuflische Harnisch

Mit etwa 350000 Arten sind Käfer die größte Tiergruppe auf dieser Welt, wobei fast täglich eine neue Art beschrieben wird und die Vielfalt vergrößert. Käfer haben in enormer Zahl fast alle Lebensräume erobert, Wasser und Land, glühende Wüsten und eiskalte Gegenden. Es wird geschätzt, dass jedes vierte Tier auf der Erde ein Käfer ist.

Jede Käferart hat die ihrem Lebensraum angepasste Strategie entwickelt, um ihren Fortbestand zu sichern. Während sich manche Arten auf ihre besonderen Flug-, Schwimm-, Lauf- oder Grabfähigkeiten verlassen, setzt der Eisenplattenkäfer auf seine Unzerstörbarkeit. Seine Fressfeinde beißen sich an ihm im wahrsten Sinn des Wortes die Zähne aus.

Der Eisenplattenkäfer kommt im Südwesten der Vereinigten Staaten vor. Das höchstens 2,5 Zentimeter große Insekt lebt am häufigsten in der Rinde von Eichen, da er sich von den dort wachsenden Pilzen ernährt.

Der Käfer kann nicht fliegen und er ist langsam. Daher versucht er meist auch gar nicht erst zu fliehen, wenn er von Feinden angegriffen wird. Er stellt sich einfach tot und wartet, bis die Gefahr vorbei ist, da sein spezieller Harnisch nicht aufgebrochen werden kann. Sogar Autos können ihn überfahren und der Eisenplattenkäfer krabbelt einfach munter weiter.

Wie alle anderen Käfer besitzt auch der Eisenplattenkäfer ein Exoskelett, dass den gesamten Körper von außen umhüllt, den Muskeln im Inneren Halt und dem Tier gegen Angriffe Schutz gibt. Die allermeisten flugfähigen Käfer besitzen „Elytren", Deckflügel aus hartem Material, die ihre Flügel im eingeklappten Zustand schützen.

Beim Eisenplattenkäfer hingegen haben sich die Flügel zur Gänze zurückgebildet und die Deckflügel sind zusammengewachsen. Nicht aber mit einer starren Verbindung, sondern mit einer Naht, die wie bei einem Puzzle ineinandergreift. Die einzelnen Verknüpfungen haben eine elliptische Form, was höhere Stabilität verleiht, aber vor allem bei Belastungen eine leichte Lösung der übereinander angeordneten Schichten des Panzers zulässt und so die Naht trotz einer Verformung intakt bleibt.

Der Übergang von den Elytren zur Bauchplatte im vorderen Bereich ist starr, im hinteren Teil sind die beiden Panzerteile aber gegeneinander verschiebbar, sodass sie wie Stoßdämpfer wirken. Dadurch hat der Eisenplattenkäfer eine Rüstung, die unglaublich fest, aber auch biegsam ist und Belastungen bis zum 35 000-Fachen seines eigenen Gewichts standhält.

In den Panzer des Eisenplattenkäfers ist neben den Faserschichten aus Chitin im Vergleich zu anderen Käfern deutlich mehr Protein eingelagert, was die Widerstandsfähigkeit wesentlich erhöht.

Sogar nach seinem Tod ist die Härte des Panzers eine besondere Herausforderung. Das zur Präsentation in einer Sammlung übliche Aufspießen mit einer Nadel durch den Rücken ist unmöglich. Da kann sich der Entomologe nur mit einem Klebestreifen behelfen.

Der Eisenplattenkäfer hat mit seiner wissenschaftlichen Bezeichnung *Nosoderma diabolicum* einen teuflischen Artnamen erhalten. Wahrscheinlich meinten die Namensgeber, dass der kleine Käfer bei einer solchen Unzerstörbarkeit mit dem Teufel im Bund sein müsse.

Der Eishai und der Triumpf der Trägheit

Mit seinen etwa 400 Jahren ist er das älteste bekannte Wirbeltier der Welt. Eishaie sind die Methusalems unter den Tieren. Sie erreichen ein Alter von biblischen Ausmaßen.

Der Eishai oder auch Grönlandhai (*Somniosus microcephalus,* Abb.) erreicht das höchste natürliche Lebensalter aller Wirbeltiere. Eishaie leben in bis zu 2 000 Metern Tiefe in den arktischen Gewässern des Nordatlantiks vor den einsamen Küsten von Grönland, Spitzbergen und Kanada. Das Rezept für ihr hohes Alter ist ihre Langsamkeit. Sie bewegen sich nur mit einem Kilometer pro Stunde gemächlich durch das Eismeer und ihr Wachstum und ihre Entwicklung geschehen im Zeitlupentempo. Die Geschlechtsreife erreichen Eishaie erst im zarten Alter von 150 Jahren. Zu diesem Zeitpunkt haben sie eine Körperlänge von etwa vier Metern. Danach wachsen sie kaum einen Zentimeter pro Jahr.

Da Eishaie aufgrund ihrer Trägheit keine rasante Jagd machen können, ernähren sie sich wahrscheinlich vor allem von Kadavern, die aus höheren Wasserschichten nach unten sinken und die sie auf dem Grund des Meeres finden.

Schon lange wurde vermutet, dass Grönlandhaie ein sehr hohes Alter erreichen. Die sonst gebräuchliche Altersbestimmung war aber nicht möglich, da Eishaie wie alle Knorpelfische kein verkalktes Gewebe besitzen. Erst in den letzten Jahren

konnte ihre Lebensspanne genau bestimmt werden. Mit der Radiokarbonmethode wurden die Eiweiße in den Augenlinsen der Eishaie untersucht, da diese bereits im Mutterleib gebildet werden und sich danach nicht mehr verändern. Durch den Zerfall von Kohlenstoffatomen (^{14}C) lässt sich der Zeitraum der Geburt bestimmen und so der Altersrekord von unglaublichen vier Jahrhunderten beweisen.

Bis zu dieser Erkenntnis galt der Grönlandwal (*Balaena mysticetus*) mit seinen etwas mehr als 200 Jahren als das Wirbeltier mit der höchsten Lebenserwartung. Sein Lebensraum sind ebenfalls die eisigen Gewässer der arktischen Meere, wobei sich Grönlandwale fast immer an der Packeisgrenze aufhalten. Sie sind gewaltige Riesen mit bis zu 100 Tonnen Gewicht und 18 Metern Körperlänge. Eine 70 Zentimeter dicke Fettschicht schützt dieses Säugetier vor der Kälte, und mit seinem enorm großen und starken Kopf kann ein Grönlandwal 30 Zentimeter dicke Eisschichten durchbrechen. Er ernährt sich von Plankton, das er mit seinem Maul aus den eisigen Fluten filtert. Dabei kann der Grönlandwal sein Maul auf vier Meter Höhe und 2,5 Meter Breite öffnen.

In den arktischen Gewässern existiert aber ein Tier, das beide an Lebenszeit übertrifft. Das älteste bisher gefundene Exemplar der nur wenige Zentimeter großen Islandmuschel (*Arctica islandica*) war stolze 507 Jahre alt. Durch die Wachstumsringe der Kalkschale ist es ähnlich wie bei einem Baumstamm möglich, das Alter der Tiere abzuzählen. Die Breite der einzelnen Jahresringe sind ein Hinweis auf die Güte der Lebensbedingungen. Diese jährlichen Zuwächse lassen sich zu Zeitreihen verknüpfen und geben so Auskunft über weit zurückliegende Klimaschwankungen und Veränderungen im Meer.

Die besten Voraussetzungen für ein sehr langes Leben bieten somit Kälte und ein sehr träger Stoffwechsel.

Der Elefantenrüsselfisch und das Fischen im Trüben

Wenn man ihn sieht, erklärt sich sein Name von selbst. Er benutzt seinen kleinen Rüssel wie sein gewaltiger Namensgeber, nämlich zum Aufspüren der Nahrung.

Der Elefantenrüsselfisch (*Gnathonemus petersii*) gehört zur Familie der nur in Afrika vorkommenden Nilhechte und ist in allen Fließgewässern und Seen West- und Zentralafrikas weit verbreitet. Er erreicht eine Länge von etwa 20 bis 30 Zentimetern, lebt am Grund der Gewässer und kommt meist in größeren Schwärmen vor. Hauptsächlich ernährt er sich von Insektenlarven und kleinen wirbellosen Tieren, die er im weichen Untergrund mit seinem Rüssel aufspürt. Als nachtaktiver Fisch versteckt er sich tagsüber meist am Gewässergrund unter Steinen oder Wurzeln.

Sein größtes Problem bei der Nahrungssuche ist die Trübe der Gewässer und die damit verbundene ganz schlechte Sicht. Der Elefantenrüsselfisch fischt wörtlich im Trüben. Er hat aber ein System entwickelt, mit dem er trotzdem ausgezeichnet „sehen" kann. Er kann mithilfe eines elektrischen Organs im Schwanzstiel schwache elektrische Impulse aussenden. Damit baut sich um ihn herum ein elektrisches Feld auf. In der Haut an Kopf, Bauch und Rücken des Fisches befinden sich zahlreiche Sensoren, die das durch Gegenstände im Gewässer veränderte elektrische Feld wahrnehmen. So verschafft er sich je nach Leitfähigkeit der Gegenstände eine räumliche Wahrnehmung und kann damit sogar die materielle Beschaffenheit seiner Umgebung beurteilen. Es handelt sich um eine aktive Elektroortung, vergleichbar der aktiven Echoortung von Fledermäusen mit Ultraschall, die damit auch ein dreidimensionales Bild ihrer Umgebung wahrnehmen können. Die Elektroortung des Elefantenrüsselfischs funktioniert nur auf kurze Distanzen bis maximal etwa zehn Zentimeter und dient vor allem zum Beutefang und zur innerartlichen Kommunikation, die vielfältig und sehr ausgeprägt ist.

Um in seiner trüben Umgebung seine Fressfeinde auch aus größerer Entfernung zu erkennen und rechtzeitig flüchten zu können, besitzt der Elefantenrüsselfisch ein weiteres faszinierendes Organ: Die Netzhaut seines Auges besteht nicht wie bei anderen Fischen oder Säugetieren aus nebeneinander liegenden Stäbchen und Zapfen, sondern aus einer sechseckigen, becherartigen Struktur. Die Wände dieser winzigen Becher sind mit spiegelnden Guanin-Kristallen ausgekleidet, wodurch die Lichtstrahlen reflektiert und am Becherboden gebündelt werden. Die Intensität des einfallenden Lichts wird damit wesentlich verstärkt und trifft erst dann auf die darunter liegenden lichtempfindlichen Zellen. Dies ermöglicht dem Fisch, Hell-Dunkel-Kontraste frühzeitig zu sehen und sich so vor Räubern in Sicherheit bringen zu können.

Die Wendung „im Trüben Fischen" bedeutete früher nicht nur auf gut Glück auf unbekanntem Terrain zu suchen, sondern auch, sich aus unklaren Verhältnissen mit nicht ganz sauberen Methoden einen Vorteil zu verschaffen. Eigentlich kommt der Spruch aus dem Fischfang. Man wühlte die Erde im Wasser auf, sodass es trüb wurde und die Fische leichter gefangen werden konnten. Mit seinen besonderen Fähigkeiten im trüben Wasser gibt der Elefantenrüsselfisch dem Sprichwort wieder seine wahre Bedeutung zurück.

Die Etruskerspitzmaus und das Leben am Limit

Sie ist ein Tier der Superlative, trotz ihrer Winzigkeit – oder gerade deswegen.

Die Etruskerspitzmaus (*Suncus etruscus*) ist gemeinsam mit einer asiatischen Fledermausart das kleinste Säugetier der Erde. Sie bringt nur etwa zwei Gramm Körpergewicht auf die Waage. Unser kleiner Finger ist mit seinen fünf Zentimetern größer als sie.

Das Herz der Etruskerspitzmaus schlägt bis zu 1500-mal in der Minute, öfter als bei jedem anderen warmblütigen Tier. Diese unglaubliche Herzfrequenz ist auch eine direkte Folge ihrer Kleinheit. Große Tierarten haben in der Regel eine niedrigere Frequenz als kleine. Die Ursache dieser Erscheinung ist vor allem darin begründet, dass kleinere Tiere einen intensiveren Stoffwechsel aufweisen, welcher in erster Linie auf den großen Wärmeverlust als Folge der relativ großen Körperoberfläche zurückzuführen ist. So betragen im Vergleich beispielsweise die Ruhewerte der Herzfrequenz pro Minute eines erwachsenen Pferdes 28 bis 40, eines Wals nur etwa 15, eines großen Hundes und eines Schafes 70 bis 100 oder eines Huhnes 200 bis 300. Die Etruskerspitzmaus hält mit 900 Atemzügen pro Minute auch diesen Rekord. Dagegen atmet beispielsweise ein erwachsenes Pferd nur 10 bis 14 oder ein Huhn 20- bis 40-mal.

Durch ihre sehr hohe Stoffwechselrate haben die Etruskerspitzmäuse auch einen entsprechend großen Energieverbrauch. Die Tiere sind daher ständig in Bewegung und auf der Suche nach Nahrung. Auf ihrem Speiseplan stehen Heuschrecken, Schaben, Ameisen und Spinnen. Da die Beutetiere fast genauso groß sind wie ihr Jäger, muss die Etruskerspitzmaus schnell und gezielt angreifen. Sie jagt überwiegend mithilfe ihres Geruchssinnes und ihres Tastsinnes im Erdreich oder unter Blättern. Mit langen Tasthaaren an der bei allen Spitzmäusen typischen, langgestreckten Schnauze kann sie ihre Beute orten und erkennen, wen genau sie vor sich hat. Meist bringt sie ihre Opfer dann mit einem kräftigen Biss in den Rücken zur Strecke. Auch bei der Nahrungssuche lebt die Etruskerspitzmaus am Limit. Da sie keine Fettreserven besitzt, muss sie den Energieverbrauch ständig ausgleichen und kann nur kurze Ruhephasen einlegen. Sie hat geradezu eine *Just-in-time*-Nahrungsaufnahme. Täglich verzehrt sie bis zum Doppelten ihres Körpergewichts und einige Stunden ohne Fressen können bereits lebensbedrohend sein.

Etruskerspitzmäuse leben rund um das Mittelmeer und kommen auch in Zentral- und Südasien vor. Sie bevorzugen als Lebensräume lichte Wälder, Buschbestände und Grasland. Man findet sie aber auch in Kulturland, etwa in Weingärten und Olivenhainen. Aufgrund ihrer Kleinheit werden sie aber oft und leicht übersehen.

Die Etruskerspitzmaus steht mit ihren zwei Gramm ganz unten in der Größenabfolge, die mit dem größten Säugetier, dem Blauwal, in gewaltigen Dimensionen von bis zu 200 Tonnen beginnt. Dieser Vergleich zeigt, welche enorme Vielfalt der Arten und welche faszinierende Anpassung an Lebensräume sich allein im Reich der Säugetiere herausgebildet haben.

Das Erdmännchen und der stufenweise Schulunterricht

Bei vielen Tierarten erfolgt die Weitergabe von überlebenswichtigen Fähigkeiten und Strategien nur dadurch, dass die Jungtiere die Älteren sehr genau beobachten und nachahmen. Einen aktiven Unterricht, eine Kommunikation und gegenseitige Beeinflussung zwischen Alt und Jung gibt es hingegen nur ganz selten, beim Menschen und außerdem beim Erdmännchen. Auch bei ihnen gibt es Lehrer, welche den Nachwuchs auf die Anforderungen des Lebens vorbereiten.

Die Erdmännchen (*Suricata suricatta*) sind hochsoziale Tiere, die in großen Gruppen mit bis zu etwa 40 Tieren leben. Die große Gruppe hat den Vorteil, dass sie sich so besser gegen Räuber schützen und die Aufgaben verteilen können. Sie suchen in ihrer Gemeinschaft ständig nach Nähe und Kontakt. Ihre Verspieltheit, ihr ständiges Miteinander und unser Hang, dieses Verhalten zu vermenschlichen, hat den Erdmännchen eine große Fangemeinde beschert.

Ihre Heimat haben die Erdmännchen in den trockenen Gebieten im Süden Afrikas, in den weiten Savannen und Halbwüsten, in denen nur wenige Bäume und Sträucher wachsen. Dort leben sie in ausgedehnten Bauen, die sie gerne auch von Erdhörnchen übernehmen oder mit diesen sogar gemeinsam bewohnen.

Die vielen Eingänge zu ihrem Bau kennen die Erdmännchen alle sehr gut und sie bleiben auch bei der Suche nach Futter immer in deren sicherer Nähe. Erdmännchen sind Raubtiere, deren Nahrung zum Großteil aus Insekten, aber auch aus Eidechsen, Spinnen, Skorpionen oder Eiern besteht. Wenn das Nahrungsangebot um den Bau schlecht wird, wandert die Erdmännchen-Kolonie ein Stück weiter, um einen neuen Bau zu graben oder wieder einen zu übernehmen.

Die Wächter beobachten, hoch aufgerichtet auf den Hinterbeinen sitzend, die Umgebung und insbesondere den Himmel nach gefährlichen Feinden. Bei Gefahr bellen die Erdmännchen schrill Alarm und alle Mitglieder der Gruppe verschwinden blitzartig im Bau. Beim Wachehalten wechseln die Erdmännchen mehrmals täglich ab, sodass jedes Tier auch genügend Zeit zur Nahrungssuche, zum Weitergraben des Baus oder zur Entspannung in der Sonne hat. Wenn keine Gefahr droht, gibt der Wächter regelmäßig entwarnende Laute, damit sich die Gruppe sicher fühlen kann.

Der allergrößte Teil der Nachkommen einer Gruppe stammt von einem dominierenden Paar. Die Erziehung der jungen Erdmännchen übernehmen aber andere Mitglieder. Der Unterricht läuft stufenweise ab und die Schüler werden langsam an größere Herausforderungen herangeführt. So bekommen sie etwa bei den ersten Jagden tote Skorpione vorgelegt. Dann lebende, denen aber vom Lehrer der Giftstachel entfernt wurde und schließlich lebende und wehrhafte Skorpione. Die Erzieher erfüllen diese Aufgabe ohne direkten eigenen Nutzen und nur zum Wohl der gesamten Erdmännchen-Gruppe.

Die Schulpflicht dauert bei den Erdmännchen bis zur Selbstständigkeit etwa 90 Tage. Sie bleiben aber im Familienverband und werden mit etwa einem Jahr geschlechtsreif.

Natürlich ist der menschliche Schulunterricht, der uns wesentliche Fertigkeiten vermittelt, vergleichsweise länger. Aber wer von uns kann danach schon einen Skorpion verspeisen, ohne vom tödlichen Stachel getroffen zu werden?

Die Fanghaften und die dauernde Verwechslung

Nur wirkliche Kenner haben bei der Erwähnung der Fanghaften eine Vorstellung, welche Individuen damit gemeint sind, obwohl diese Tierfamilie weltweit vorkommt und etwa 400 Arten umfasst.

Es sind Fluginsekten, die zur etwa 5 500 Arten großen Ordnung der Netzflügler gehören, die auch „Hafte“ genannt werden. Davon gibt es die unterschiedlichsten Familien wie etwa die Staubhaften, die Bachhaften, die Fadenhaften, die Schwammhaften, die Taghaften und schließlich die Fanghaften. Aufgrund der Namen lassen sich ihre besonderen Fähigkeiten oder auch Lebensräume bereits erahnen.

Allen Fanghaften ist gemeinsam, dass sie eine sehr eigentümliche Körperform aufweisen, die eine starke Ähnlichkeit mit Fangschrecken oder Gottesanbeterinnen hat. Knapp hinter dem Kopf befindet sich das erste Beinpaar, das wie bei den Gottesanbeterinnen zu Fangbeinen und Fangzangen ausgebildet ist. Diese können eingeklappt werden, um Beutetiere zu fassen. Andere Insekten werden mit hoher Geschwindigkeit durch die Fangzangen gepackt und mit den kräftig ausgebildeten Mundwerkzeugen, den Mandibeln, zerkleinert. Auch der dreieckige Kopf ähnelt durch die großen, seitlich stark hervorstehenden Facettenaugen sehr dem von Gottesanbeterinnen.

Innerhalb der Familie der Fanghaften gibt es eine Art, die besonders hervorsticht. Nicht durch ihr völlig anderes Erscheinungsbild oder andere Fähigkeiten, sondern durch ihren Namen, nämlich „Verwechselter Fanghaft“. Dieser ist das Ergebnis von höchster wissenschaftlicher Kompetenz gepaart mit einer Portion Humor.

Diese Art wurde schon vor vielen Jahrzehnten beschrieben, aber dauernd mit anderen Arten verwechselt. Erst den Wiener Insektenforschern Ulrike und Horst Aspöck gelang 1994 die richtige Zuordnung und sie durften somit auch den von ihnen kreierten wissenschaftlichen Namen vorschlagen, nämlich *Mantispa aphavexelte*. Dieser Name erschließt sich wahrscheinlich nur, wenn man ihn laut liest und der österreichischen Mundart mächtig ist: „a phavexelte“ – „eine verwechselte“. In einem Artikel führten die beiden Wissenschaftler weiter ironisch aus, dass *Aphavexelte* der Name der griechischen „Göttin der Konfusion“ sei, was zu noch mehr Verwirrung führte. Jedenfalls haben sie dieser Art mit dem humorvollen Wortspiel eine dauerhafte Erinnerung an eine dauernde Verwechslung gesetzt.

Die Namensgebung in der Zoologie ist durch international gültige Konventionen und Vereinbarungen geregelt und wird durch eine Kommission festgelegt. Arten haben immer einen zweiteiligen lateinischen Namen. Er besteht aus dem Namen der Gattung, beginnend mit einem Großbuchstaben, also in diesem Fall *Mantispa.* Daran schließt sich der Artname an, immer beginnend mit einem Kleinbuchstaben, also hier *aphavexelte.*

Der Verwechselte Fanghaft ist gelb gefärbt und hat eine braune Zeichnung. Er besitzt netzförmig geäderte, durchsichtige neun bis 14 Millimeter lange Flügel, die in der Ruhestellung dachartig über den Hinterleib gelegt werden. Die Art ist in Südeuropa und der gesamten Mittelmeerregion verbreitet. Funde sind aber auch in Mitteleuropa dokumentiert.

Der Verwechselte Fanghaft beweist, dass auch Humor in der sonst eher ernsten Wissenschaft seinen Platz hat.

Das Faultier und die eigennützige Gastfreundschaft

Das Leben in Zeitlupe ist unter ganz besonderen Umweltbedingungen eine sehr erfolgreiche Überlebensstrategie. Die Faultiere haben ihren Namen aber völlig zu Unrecht, denn sie besitzen viele verblüffende Fähigkeiten. Faul im menschlichen Sinne sind sie sicher nicht.

Nur durch ihre extreme Langsamkeit können sie die tropischen Regenwälder Mittel- und Südamerikas bewohnen. Faultiere verbringen praktisch ihr ganzes Leben auf Bäumen. Mit ihren bis zu zehn Zentimeter langen, gebogenen Krallen hängen sie an den Ästen der Baumkronen und machen in dieser Haltung fast alles. Sie bewegen sich so fort, sie essen und schlafen in dieser Position, paaren sich und gebären sogar im Hängen ihre Jungen.

Es gibt zwei Gattungen der Faultiere. Das Zweifinger-Faultier hat zwei Krallen an den Vorderfüßen, das Dreifinger-Faultier (Abb.) drei. An den Hinterbeinen besitzen beide Gattungen jeweils drei Krallen. Erstaunlich ist, dass die beiden Gattungen nur weitläufig miteinander verwandt sind und schon seit 25 Millionen Jahren eigene Entwicklungen durchgemacht haben. In einer parallelen Evolution haben sich aber durch die Anpassung an den Lebensraum und die Lebensweise viele Merkmale völlig analog entwickelt.

Ihre Nahrung besteht fast ausschließlich aus Blättern, die im Regenwald zwar im Überfluss vorhanden, aber extrem energiearm sind. Um mit dieser kargen Nahrung überhaupt auskommen zu können, leben die Faultiere in einem dauernden Energiesparmodus und bewegen sich daher sehr wenig und wenn, dann besonders langsam.

Faultiere haben die niedrigste Stoffwechselrate aller Säugetiere, die nur bei etwa 40 Prozent von der anderer gleichgroßer Tiere liegt. Ihre Körpertemperatur beträgt höchstens 33 Grad und kann in kalten Nächten um bis zu acht Grad abgesenkt werden. Die Verdauung erfolgt derart langsam, dass Faultiere nur einmal in der Woche Kot absetzen.

Dazu müssen die Dreifinger-Faultiere aber vom Baum steigen und sich für kurze Zeit auf dem Waldboden aufhalten. Das sind die gefährlichsten Augenblicke in ihrem Leben, weil sie nicht auf allen Vieren stehen können und ihren Feinden

schutzlos ausgeliefert sind. Trotzdem tun sie es, weil die Motten, die in ihrem Fell leben, im frischen Kot ihre Eier ablegen. Aus diesen entwickeln sich wieder Motten, die beim nächsten Toilettenbesuch der Faultiere bequem in deren Fell gelangen können. Die Motten liefern durch ihre Ausscheidungen wiederum die Grundlage, dass im Fell der Faultiere Algen wachsen können, die ihnen die typisch grün schimmernde Färbung und somit eine perfekte Tarnung im dichten Blattgrün verleihen.

Das Gastrecht für Motten und Algen gewähren die Faultiere aber nicht ganz uneigennützig. Die Algen sind energiereich und werden daher von den Faultieren als Ergänzung zu ihrer kargen Blattnahrung gern gefressen.

Eine geniale Lebensgemeinschaft von Faultieren mit Motten und Algen, die beide ausschließlich im Fell ihres Wirtes leben können.

Die Zweifinger-Faultiere lassen ihren Kot einfach vom Baum fallen. Da sie sich nicht nur von Blättern, sondern auch von Früchten ernähren, braucht diese Gattung die zusätzliche Algennahrung nicht.

Der Flamingo und die innere Mitte

Am Anfang ihres Lebens ist ihr Gefieder eintönig grau-weiß. Junge Flamingos unterscheiden sich farblich sehr von ihren Elterntieren. Erst wenn sie erwachsen werden, bekommt ihr Gefieder die typische rosa Färbung oder leuchtet gar in einem grellen Pink.

Es gibt bei Vögeln unterschiedliche Strategien, zu einem bunten Federkleid zu kommen. Etwa durch bestimmte Federstrukturen und die damit verbundenen Lichtbrechungen. Flamingos *(Phoenicopteridae)* setzten für ihre Gefiederfärbung auf Nahrung, die Farbe enthält. Wildlebende Flamingos nehmen in großen Mengen Algen auf, die Carotinoide enthalten. Das sind dieselben Farbstoffe, die auch eine Karotte orange oder eine Tomate rot werden lassen. Im Körper des Flamingos werden die Carotinoide umgewandelt. Es entstehen Pigmente, die dann in der Haut und den Federn abgelagert werden.

Das Nährstoffangebot bestimmt die Farbe. In einem See im Hochland von Bolivien, in der Laguna Colorada, sind so viele Algen vorhanden, dass das Wasser tiefrot gefärbt ist. Entsprechend leuchtend rot sind auch die in diesem See lebenden Flamingos.

An den Rändern ihrer typisch geknickten Schnäbel haben Flamingos Reihen von Lamellen, mit denen sie das Wasser durchsieben können. Sie filtern das Nahrungs-

plankton auf dieselbe Weise wie Bartenwale oder Austern. Ihr Sieb ist so fein, dass sogar einzellige Pflanzen ausgeseiht werden. Die Zunge des Flamingos fährt dauernd vor und zurück und wirkt wie eine Pumpe, die das Wasser in den Schnabel und wieder hinausbefördert. Dieser Vorgang wiederholt sich mit großer Geschwindigkeit mehrmals in jeder Sekunde. Flamingos fressen neben dem Plankton aber auch kleine Fische, Muscheln und Krebse, die sie im Schlamm ertasten.

In Gehegen gehaltenen Tieren fehlt oft die natürliche Planktonnahrung, sodass sie ein eher weißes Federkleid tragen. Da aber Flamingodamen bei ihren männlichen Partnern auf kräftige Farben stehen, müssen Carotinoide zugefüttert werden, damit es in solchen Fällen trotzdem mit dem Nachwuchs klappt.

Flamingos sind für eine Brutsaison monogam. Das einzige Ei wird auf die Spitze eines Schlammkegels gelegt und von beiden Eltern ausgebrütet. Der Kegel schützt bei hohem Wasserspiegel das Gelege vor Überschwemmung. Die jungen Flamingos leben dann mit Tausenden anderen in riesigen Kindergärten zusammen. Trotzdem finden die Eltern bei der Fütterung ihr Junges durch dessen Schrei sofort wieder.

Bewegungslos, ohne Gefahr zu laufen, einfach umzufallen und völlig ohne Mühe können Flamingos für lange Zeit auf einem Bein stehen. In dieser Position schlafen sie sogar. Für sie ist der einbeinige Stand bequem, da sie praktisch keine Kraft aufwenden müssen, um im Gleichgewicht zu bleiben. Wenn sie auf beiden Beinen stehen, verbrauchen sie sogar mehr Energie.

Beim einbeinigen Stand befindet sich das Bein mitten unter dem Vogelkörper. Da der Körperschwerpunkt vor dem Knie liegt, übernehmen die Gelenke eine stabilisierende Funktion. Der Körper trägt sich ohne Anwendung von Muskelkraft selbst und bleibt durch die Schwerkraft stabil. Flamingos ruhen nicht nur sprichwörtlich, sondern wörtlich auf/in ihrer inneren Mitte.

Der Fleckenmusang und das schwarze Lebenselixier

Als Art sind diese Tiere praktisch unbekannt. Berühmt sind aber ihre auf der ganzen Welt äußerst begehrten Exkremente, um daraus ein exklusives Getränk zu bereiten.

Der Fleckenmusang ist eine von etwa 35 Schleichkatzenarten, die wiederum zu den katzenartigen Raubtieren gehören. Sein natürlicher Lebensraum ist der tropische Regenwald in Süd- und Südostasien. Fleckenmusangs sind etwa so groß wie eine Katze und haben einen etwa 50 Zentimeter langen Schwanz.

Bei den Fleckenmusangs *(Paradoxurus hermaphroditus)* ist es nur schwer möglich, aufgrund der äußeren Merkmale deren Geschlecht zu bestimmen. Unterhalb des Schwanzes haben männliche und weibliche Tiere Drüsen, die in ihrer Form den Hoden sehr ähnlich sind. Aus diesen Drüsen können die Fleckenmusangs bei einer Bedrohung einige Meter weit ein äußerst übelriechendes Sekret verspritzen und so Feinde vertreiben. Auch markieren sie mit diesem Geruch ihr Revier. Durch diese Drüsen ist der Fleckenmusang zu seinem wissenschaftlichen Artnamen *hermaphroditus* gekommen, also „zwitterig". Fleckenmusangs sind aber keine Zwitter, sondern nur Träger von verwechselbaren Sekretdrüsen.

Sie sind ausgezeichnete Kletterer und leben fast nur auf Bäumen, auf denen sie tagsüber ruhen und erst in der Dunkelheit auf Nahrungssuche gehen. Teilweise haben sie sich zu Kulturfolgern entwickelt und leben in Dachböden oder Ställen. Dort machen in der Nachtzeit auch Lärm und haben dann den gleichen Beliebtheitsgrad wie in Europa Marder und Siebenschläfer, die in den Nachtstunden in Häusern herumgeistern.

Fleckenmusangs sind Allesfresser und ernähren sich von Früchten, Insekten, Eiern, kleinen Reptilien oder Beeren. Besonders schätzen sie die reifen Kaffeekirschen, die sie auf den Kaffeeplantagen in großer Menge finden. Von den Kaffeebeeren wird aber nur das Fruchtfleisch verdaut. Der Samen dieser Beere, also die Kaffeebohne, wird mit dem Kot wieder ausgeschieden.

Diese Bohnen werden gesammelt, gereinigt und schließlich geröstet. So entsteht der edelste und teuerste Kaffee der Welt, der „Kopi Luwak". Kopi ist das indonesische Wort für Kaffee und Luwak der dort gebräuchliche Name für diese Art der Schleichkatzen, also „Katzenkaffee".

Für die Kaffeesammler ist es von großem Vorteil, dass die Fleckenmusangs einen festen Kotplatz haben, bei dem man dann den Kaffee „ernten" kann.

Die Entstehung von Kopi Luwak hatte den Ursprung in einem Verbot der Niederländischen Kolonialherrn für die einheimischen Bauern, den von ihnen eingeführten Arabica-Kaffee zu verwenden. Den Fleckenmusangs war dieses Gebrauchsverbot des Plantagenkaffees natürlich völlig egal und so kamen die Einheimischen über den Umweg ihres Verdauungstraktes doch zu den Bohnen und bemerkten den einmaligen Geschmack. Bei der Darmpassage kommt es nämlich zu einer Fermentation der Bohnen, was zu einem vollen und erdigen Aroma führt.

Durch die starke Nachfrage und den hohen Preis wird nun jedoch der größte Teil des Kopi Luwak nicht mehr mühsam von Schleichkatzen aus freier Wildbahn gesammelt, sondern mit Tieren produziert, die in erbärmlichen, in keiner Weise tiergerechten Käfigbatterien gehalten werden.

Der Fregattvogel und die nahrhafte Piraterie

Fregattvögel sind wahre Flugkünstler und verbringen den Großteil ihres Lebens in der Luft. Dafür sind sie auch perfekt gebaut.

Lange, schlanke Flügel mit einer Spannweite von etwa zwei Metern, eine kräftige Brustmuskulatur und trotzdem ein Gewicht von bloß einem dreiviertel bis eineinhalb Kilo ermöglichen den Fregattvögeln extreme Gleitflüge auch bei geringsten Windstärken ohne aktiven Flügelschlag. Ihr geringes Gewicht verdanken sie Knochen, die zwar durch Knochenstege im Inneren sehr stabil, aber sonst mit Luft gefüllt sind. Die Knochen machen nur etwa 5 Prozent ihres Körpergewichtes aus, ein Wert, der von keiner anderen Vogelart unterboten wird.

Bekannt gemacht hat den Fregattvogel sein scharlachroter Kehlsack. Bei der Balz werben männliche Exemplare damit, dass sie den Kopf in den Nacken legen und den Kehlsack wie einen Ballon aufblasen. Je größer und leuchtender, desto besser die Chancen bei den weiblichen Fregattvögeln.

Fregattvögel *(Fregata)* halten sich auf allen tropischen Ozeanen über dem offenen Meer oder in der Nähe von Küsten auf, doch nie auf dem Festland. Es klingt unglaublich, doch Fregattvögel können mehrere Tage und sogar Wochen ununterbrochen in der Luft bleiben. Dabei legen sie täglich Entfernungen von Hunderten Kilometern zurück, indem sie sich von starken Luftströmungen aufwärts tragen lassen und dann ohne Energieaufwand gleiten.

Sogar ihre Nahrung fangen Fregattvögel im Flug. Meist sind es Fliegende Fische, die auf der Flucht vor Delphinen und anderen Räubern aus dem Wasser springen und dann zur Beute von Fregattvögeln werden. Oder sie jagen nach Fischen und Kalmaren, die so nah an der Wasseroberfläche schwimmen, dass die Vögel nur den Schnabel eintauchen müssen.

Während ihrer langen Flüge kommen die Fregattvögel mit äußerst wenig Schlaf aus. In den kurzen Ruhepausen schlafen die Gehirnhälften abwechselnd und das dazugehörende eine Auge bleibt offen, um einen Zusammenstoß mit anderen Vögeln zu vermeiden. Es gibt aber sogar kurze Phasen, in denen sie mit beiden Gehirnhälften schlafen und der Vogel wie mit einem Autopiloten fliegt.

Haben sie wieder festen Boden unter den Füßen – wie zur Brutzeit – holen sie den Schlaf nach und ruhen lange und tief. Die bevorzugten Brutgebiete der Fregattvögel sind kleine ozeanische Inseln, auf denen sie in Kolonien von mehreren Tausend Tieren brüten.

Dabei werden sie zum Teil auch zu sogenannten „Kleptoparasiten". Sie jagen anderen Vogelarten, die von der Nahrungssuche kommen, deren Beute ab. Mit sehr wendigen und geschickten Flugmanövern und auch unter Einsatz ihres langen und spitzen Schnabels attackieren sie ihre Opfer in der Luft, bis diese das Futter fallen lassen. Von dieser Verhaltensweise haben sich die Namensgeber inspirieren lassen. Schnell, gefährlich und immer auf Beute aus waren auch die Piraten auf hoher See. Der Schiffstyp, den sie auf ihren Raubzügen meistens benutzten und mit dem sie unter schwarzer Fahne segelten, waren die Fregatten. So kamen die schwarzen Fregattvögel zu ihrem einprägsamen Namen.

Der Geier und die lebensgefährlichen Mieter

Selbst Charles Darwin war von ihnen nicht fasziniert, sondern fand sie ekelerregend. Nach seiner ersten Begegnung mit einem Geier bei seiner Forschungsreise zu den Galapagosinseln trug er 1835 in sein Tagebuch ein: „Es sind verabscheuungswürdige Vögel, ihr kahler, roter Kopf geschaffen dafür, in Verderbtheit zu schwelgen."

Schon im Buch Levitikus im Alten Testament wurden sie als unrein eingestuft und noch heute stehen sie in der Beliebtheitsskala weit unten. Doch ist die Funktion der Geier im Nahrungskreislauf und in der Seuchenvorbeugung von zentraler Bedeutung und viele Länder würden ohne Geier auf eine ökologische Katastrophe zusteuern.

Geier, wie etwa Gänsegeier (*Gyps fulvus*, Abb.), leben von Kadavern, einer Nahrung, die für fast alle anderen Tierarten und Menschen hochgiftig und lebensbedrohend ist. Wahrscheinlich empfinden wir darum Verwesungsgeruch als extrem ekelhaft.

In Verwesendem findet sich ein Toxin- und Bakteriencocktail, von dem jeder einzelne Bestandteil allein schon zum Tode führen könnte. Wie etwa der Milzbranderreger *Bacillus anthracis* oder *Clostridium botulinum*, dessen Toxin eines der stärksten natürlich vorkommenden Gifte ist. Auch ein weit fortgeschrittener Verwesungsprozess macht den Geiern nichts aus. Er hilft ihnen sogar, das so mürbe gewordene Fleisch von den Knochen zu reißen.

Die Widerstandkraft des Magens von Geiern ist geradezu sprichwörtlich, doch was ist der Grund für diese Unverwundbarkeit? Die Antwort: In ihrem Magen herrscht aufgrund von Salzsäure ein extrem saures Milieu. Extreme Bedingungen auch für Bakterien, die sie kaum überleben können. Nur ein Bruchteil der Bakterienarten bleibt in der Darmflora des Geiers dann übrig. Ausgerechnet die besonders gefährlichen aus den Gruppen der Clostridien und der Fusobakterien gedeihen hier prächtig. Doch gegen deren Schädlichkeit sind die Geier unempfindlich.

Diese Toleranz der Geier gegenüber ihren lebensgefährlichen Mietern dürfte eine Beziehung sein, die beiden Seiten nützt. Die dauernde Versorgung mit Fleisch und das sauerstofffreie Milieu im Darm bietet den Bakterien beste Überlebensbedingungen. Da sie aber fleischzersetzende Enzyme absondern, mithilfe derer das Aas besser zu verdauen ist, dienen sie gleichzeitig auch den Geiern.

Die insgesamt 23 Geierarten kommen in Europa, Asien, Afrika und auf dem amerikanischen Kontinent vor. Allen gemeinsam ist der charakteristische kahle oder nur kurz befiederte Schädel.

Der größte flugfähige Vogel der Welt gehört ebenfalls zu den Geiern: der Andenkondor *(Vultur gryphus)*, der im westlichen Teil Südamerikas lebt. Männliche Exemplare können bis zu 15 Kilogramm schwer werden und eine Spannweite von drei Metern aufweisen. Unverwechselbar sind sein glänzend schwarzes Gefieder und die weiße Halskrause. Die größte bei einem Vogel nachgewiesene Flughöhe erreichte ein Sperbergeier *(Gyps rueppelli)*, der sich bis 11200 Meter über die afrikanische Ebene hinauftragen ließ.

In vielen Weltgegenden werden Geier verfolgt. Das ist äußerst kurzsichtig und selbstschädigend, da es durch die natürlichen Gesundheitspolizisten zu einer schnellen Beseitigung von Kadavern und so zur Verhinderung einer Seuchenausbreitung bei Tier und Mensch kommt.

Die Giraffe und die ausgeschlossene Ohnmacht

Bis zu sechs Meter ragen sie in die Höhe. Damit sind Giraffen die derzeit größten auf dem Land lebenden Säugetiere.

Das verdanken sie neben ihren langen Beinen vor allem ihrem enorm langen Hals. Dieser besteht aber aus nicht mehr Halswirbeln als der Hals einer Maus oder auch eines Menschen, nämlich sieben. Fast ausnahmslos haben alle Säugetiere diese Anzahl und den gleichen knöchernen Bauplan des Halses.

Nur von einer einzigen armdicken Sehne wird der Giraffenhals in der aufrechten Position gehalten. Für den Grund der unglaublichen Verlängerung des Halses im Lauf der Evolution gibt es nur Vermutungen. Es könnte mit der Nahrungsauswahl zu tun haben, doch wahrscheinlicher sind es die Vorteile beim Kampf um Vorherrschaft und Weibchen.

Die Giraffen *(Giraffa)* fressen am liebsten die Blätter von Akazien, deren hohe Äste für alle anderen Tiere unerreichbar sind. Die vielen Dornen dieser Bäume machen den Tieren nicht aus, da ihre Zunge und die Lippen besonders widerstandsfähig sind. Mit ihrer bis zu 50 Zentimeter langen Zunge umfassen sie die kleinen Äste und streifen die Blätter ab. Die Zunge ist so lang, dass Giraffen sogar ihre Augen damit reinigen können. Außerdem ist sie zum Schutz vor Sonnenbrand im vorderen Bereich dunkel pigmentiert und sieht fast blau aus.

Fast alle Menschen kennen diese Situation. Man beugt sich länger hinunter, richtet sich rasch wieder auf und es wird schwarz vor den Augen. So mancher hat dadurch sogar schon Momente der Bewusstlosigkeit erlebt. Der Kreislauf ist mit dem rasch wechselnden Unterschied des Blutdrucks einfach überfordert. Dabei handelt es sich bei uns Menschen nur um rund eineinhalb Meter Höhenunterschied.

Eigentlich müsste eine Giraffe, die nach dem Trinken innerhalb einer Sekunde ihren Kopf wieder bis zu sechs Meter in die Höhe streckt, auf der Stelle in Ohnmacht fallen.

Der Blutdruck ist in den herznahen Arterien etwa doppelt so hoch wie bei allen anderen Säugetieren, nämlich 280 zu 180 mmHg. Dieser enorme Druck ist auch notwendig, um das Blut fast senkrecht mehrere Meter in das Gehirn zu pumpen und dieses ausreichend zu versorgen. Im Kopf der Giraffe ist der Blutdruck aber mit dem eines Menschen vergleichbar.

Bedingt durch die Schwerkraft haben Giraffen in den Beinen einen Blutdruck bis zu 400 mmHg. Um diesem großen Druck standzuhalten, haben die Beinarterien besonders dicke Wände und die Haut an den Füßen liegt ganz eng an, wie ein natürlicher Kompressionsstrumpf.

Ohne Gegenstrategie würde beim Trinken der Druck im Gehirn auf ähnliche Werte wie in den Beinen steigen, was absolut lebensbedrohend wäre. Die Giraffe hat aber in Gehirnnähe ein Geflecht von Blutgefäßen, das sich bei einem Anstieg des Druckes füllt und so das Gehirn schützt. Einzigartig sind auch die Klappen in den großen Halsvenen, die den Rückfluss des Blutes in den gesenkten Kopf verhindern. Trotz der extremen Belastung ist damit bei der Giraffe eine Ohnmacht völlig ausgeschlossen.

Der Glasfrosch und die absolute Transparenz

Heute wird Transparenz in jedem Bereich gefordert. Der Glasfrosch hat diese Forderung schon längst umgesetzt. Er zeigt alles her, er versteckt nichts!

Zur Familie der Glasfrösche *(Centrolenidae)* werden etwa 150 verschiedene Arten gezählt, die alle in den tropischen Regenwäldern Mittel- und Südamerikas leben. Der Regenwald gehört zu den artenreichsten Lebensräumen der Erde. Immer wieder werden dort bislang unbekannte Tierarten entdeckt, so etwa in den letzten Jahren auch zwei neue Glasfroscharten in Ecuador und Costa Rica. Die Unterscheidung der verschiedenen Arten ist aufgrund ihrer Ähnlichkeit sogar für Experten eine herausfordernde Aufgabe. Gemeinsam ist aber allen Arten, dass sie sehr empfindlich auf Eingriffe in ihren Lebensraum reagieren, wenn etwa durch Abholzung, Straßenbau, Ölgewinnung oder Bergbau das von ihnen besiedelte Ökosystem gestört wird.

Die nur etwa zwei Gramm schweren und zwei Zentimeter großen Frösche halten sich fast immer in Bäumen auf und ernähren sich hauptsächlich von tierischer Nahrung wie etwa von Fliegen und anderen Insekten.

An seiner Oberseite ist der Frosch normal grün gefärbt, damit optimal an die Farbe der Blätter angepasst und somit perfekt getarnt. Von unten lässt das Amphibium aber tief blicken und man kann in das Innere des Glasfrosches sehen. Die Bauchseite ist nicht pigmentiert und deshalb völlig durchsichtig! Lunge, Herz, Blutgefäße, die Verdauungsorgane und sogar die reifenden Eier sind von außen sichtbar. Durch die dünne Haut kann man die Organe des Glasfrosches sogar arbeiten sehen. Diese Transparenz dient ebenfalls der Tarnung. Für Feinde, die von unten kommen, verschwimmen die Umrisse des Tieres und macht es so fast unsichtbar.

Die Weibchen mancher Arten der Glasfrösche legen ihre ebenfalls ganz grün gefärbten Eier in kleinen Gelegen auf Blättern ab, die direkt über einem Bach oder Fluss hängen. Meist bewacht das Männchen dann die Brut. Das ist auch notwendig, da besonders Wespen die Eier zum Fressen gernhaben. Mit blitzschnellen und kräftigen Schlägen der Hinterbeine katapultiert der Verteidiger die Wespen weit weg. Die Larven schlüpfen schließlich in einem weit entwickelten Zustand und fallen direkt von den Blättern in das darunter fließende Wasser. Die Kaulquappen leben dann völlig verborgen am Grund der Gewässer.

Der Goldhamster und die ersten Vier

Einzigartig und für Hamster charakteristisch sind die Backentaschen, mit denen sie Futter in ihren Bau transportieren. Ganz gefüllt können Goldhamster 20 Gramm und Feldhamster gar 50 Gramm vom Feld in ihre Lager tragen und damit riesige Vorräte von Körnern und Getreidesamen anlegen.

Bernhard Grzimek, der große Wildtierforscher, Tierarzt und Zoodirektor von Frankfurt beschreibt in seiner Tierenzyklopädie „Grzimeks Tierleben" die unglaubliche Sammeltätigkeit der Hamster, die nach dem Krieg Bewohner von Magdeburg nutzten und „aus bewohnten Hamsterbauten zentnerweise Körner für ihre Hühner ausgruben."

Hamster wohnen in von ihnen angelegten Erdhöhlen mit weit verzweigten Gängen, die sich meist etwa einen halben Meter unter dem Erdboden befinden. Ihre Bauten für die kalte Jahreszeit reichen sogar bis in zwei Meter Tiefe. In ihnen halten sie einen echten Winterschlaf, während dem sie ihre Körpertemperatur auf vier Grad Celsius absenken und alle anderen Körperfunktionen wie die Atmung drastisch zurückfahren. Sie schlafen aber nicht den ganzen Winter hindurch, sondern werden immer wieder kurz wach, um von ihren Vorräten zu fressen.

Der Syrische Hamster *(Mesocricetus auratus)* wurde 1839 erstmals beschrieben und das auch nur aufgrund eines Balges, der aus Aleppo in Nordsyrien stammte und sich heute noch im Britischen Museum befindet. „Bemerkenswert ist seine tief goldene Färbung", heißt es sehr treffend in dieser Darstellung, die auch zu seinem Artnamen und zur deutschen Bezeichnung „Goldhamster" geführt hat. Danach geriet dieser kleine Säuger für fast ein Jahrhundert in Vergessenheit und es findet sich kein weiterer Beleg.

Erst als im Jahr 1930 Israel Aharoni in Syrien nach dort heimischen Hamsterarten suchte, fand er auf der Hochebene bei Aleppo einen Bau von Goldhamstern, grub diesen aus und konnte vier Jungtiere fangen, ein Weibchen und drei Männchen. Sehr erfolgreich begann er mit diesen ersten Vier eine Zucht und bald schon tummelten sich Hunderte Nager in seinem Labor in Jerusalem. 1938 wurden die ersten Goldhamster nach Amerika gebracht. Von dort ausgehend kamen sie weltweit in

unzählige Haushalte und Laboratorien. Letztlich stammen alle diese Millionen heute in menschlicher Obhut gehaltenen Goldhamster von den vier Elterntieren aus diesem Bau bei Aleppo ab.

Neben Mäusen und Ratten werden Goldhamster häufig als Labortiere eingesetzt, weil sie eine nur kurze natürliche Lebenserwartung von etwa zwei Jahren haben, bei ihnen nur selten Spontanerkrankungen auftreten und sie sich sehr schnell vermehren können. Syrische Goldhamster haben mit nur etwa 16 Tagen die kürzeste Tragzeit aller höheren Säugetiere, wobei sie durchschnittlich neun Junge gebären. Bereits einige Tage später können die Weibchen wieder gedeckt werden, wodurch bis zu sechs Würfe pro Jahr möglich sind. Auch werden die jungen Goldhamster sehr bald geschlechtsreif, nämlich bereits im Alter von etwa sechs Wochen.

Trotz ihres kuscheligen Aussehens sind Hamster als Heimtiere nur bedingt geeignet, da sie viel Platz benötigen und nur in der Nacht ihren hohen Bewegungsdrang ausleben.

Das Gürteltier und seine drei Ebenbilder

„Armadillos" werden diese Tiere in ihrer Heimat, dem amerikanischen Kontinent, genannt. „Die Bewaffneten" beschreibt die Gürteltiere auch sehr gut. Sie setzen auf die perfekte Verteidigungswaffe, eine komplette Rüstung.

Mit ihrem Panzer sind sie einzigartig unter den Säugetieren. Er besteht aus unzähligen kleinen Knochenplättchen, die mit einer Hornsubstanz ummantelt sind. Ihre Rüstung besteht aus einem Kopf-, einem Schulter- und einem Beckenschild. Sogar der Schwanz ist bei fast allen Gürteltierarten von knöchernen Schuppen bedeckt. Zwischen Schulter- und Beckenschild findet sich eine unterschiedliche Anzahl von auf der Bauchseite offenen Knochenringen, die wie Gürtel aussehen und durch überlappende Hautfalten miteinander verbunden sind. Diese Verbindungen gewährleisten eine hohe Beweglichkeit des gesamten Panzers.

Das am häufigsten vorkommende Neunbinden-Gürteltier *(Dasypus novemcinctus)* hat neun dieser Gürtel, die für die Namensgebung ausschlaggebend waren. Die Gürteltiere teilen sich in 21 Arten auf, die alle in Südamerika und im südlichen Teil Nordamerikas vorkommen. Gemeinsam mit den Faultieren und Ameisenbären gehören sie zu einer entwicklungsgeschichtlich sehr alten Tiergruppe, den Nebengelenktieren. Im Gegensatz zu allen anderen Säugetieren besitzen ihre Brust- und Lendenwirbel nämlich zusätzliche Zwischenwirbelgelenke.

Alle Gürteltiere sind Einzelgänger und vor allem in der Nacht aktiv. Den Tag verbringen sie schlafend in ihren Erdhöhlen. Der Hauptbestandteil ihrer Nahrung sind Insekten, die sie mit ihrem ganz hervorragenden Geruchssinn auch tief in der Erde aufspüren und ausgraben. Mit ihren starken und langen Krallen graben sie mit hoher Geschwindigkeit und können trotz der Anstrengung bis zu sechs Minuten die Luft anhalten, damit kein Staub in die Atemwege gelangt. Gürteltiere scheuen auch das Wasser nicht. Um mit ihrem schweren Panzer nicht unterzugehen, schlucken sie Luft und füllen damit Magen und Darm. Kleine Bäche durchqueren sie einfach, indem sie die Luft anhalten und auf dem Grund hinübergehen.

Phänomenal beim Neunbinden-Gürteltier ist, dass es immer eineiige Vierlinge zur Welt bringt. Solche genetisch identen Geschwister entstehen dadurch, dass sich in einem sehr frühen embryonalen Stadium Zellen voneinander trennen und aus jeder einzelnen neuen Embryoanlage ein Gürteltier heranwächst. Alle vier Tierchen sind idente Ebenbilder und haben auch immer das gleiche Geschlecht, weil sie auf dieselbe befruchtete Eizelle zurückgehen. Diese Bildung von eineiigen Mehrlingen gibt es selten auch bei anderen Säugetieren und beim Menschen, doch beim Gürteltier ist das die fast ausnahmslose Regel.

Vermutlich ist die Entstehung natürlicher Klone die Folge einer außergewöhnlichen Form der Gebärmutter, bei der nur eine ganz kleine Einnistungsstelle vorhanden ist. Durch die Ausbildung von vier identen Geschwistern wird trotzdem eine für das Überleben der Art notwendige Anzahl von kleinen Gürteltieren geboren. Außerdem können trächtige Neunbinden-Gürteltiere bei schlechten Bedingungen die Einnistung des Keims um Monate verzögern, um so bessere Überlebenschancen für die Jungen abzuwarten.

Der Hoatzin und der Sprung ins Wasser

Der Hoatzin ist ein Vogel, der mit seinen besonderen Verhaltensweisen, Ernährungsgewohnheiten und anatomischen Eigenschaften solche Alleinstellungsmerkmale besitzt, dass er allein sogar eine zoologische Ordnung bildet.

Sie leben in den tropischen Regenwäldern im nördlichen Teil Südamerikas, also im Einzugsbereich von Amazonas und Orinoco und der ebenfalls in den Atlantik fließenden Ströme Guyanas. Dort ist der Hoatzin *(Opisthocomus hoazin)* so typisch, dass er sogar in das Staatswappen der Republik Guyana aufgenommen wurde.

Sein Lebensraum beschränkt sich ausschließlich auf die Uferstreifen von Seen und Flüssen. Die sehr kleinen Reviere erstrecken sich nur wenige Dutzend Meter entlang des Ufers und nur kurze Entfernungen in das Landesinnere. Seine Blätternahrung findet der etwa hühnergroße Vogel auch auf dieser minimalen Fläche in Hülle und Fülle.

Ihre Nester bauen die Hoatzins immer direkt über dem freien Wasser, was ihren Jungen eine einmalige Fluchtstrategie ermöglicht. Da die Elterntiere das Nest zur Nahrungsaufnahme oft für lange Zeit verlassen und die zwei bis vier Nestlinge schutzlos zurückbleiben, wären sie eine leichte Beute für Schlangen oder Affen. Droht jedoch Gefahr, springen die Küken einfach aus dem Nest in das darunter liegende Gewässer, tauchen in dieses Element ein, das sie bisher noch nie kennengelernt haben und schwimmen trotzdem gekonnt wieder ans Ufer. Schon ab dem dritten Lebenstag haben sie diese Schwimmfähigkeit und trotz der nur kleinen Stummelflügel bewegen sie sich unter und auf dem Wasser äußerst behände.

Sind sie wieder am Ufer, erklettern sie sofort einen Baum. Dies gelingt ihnen durch eine einzigartige anatomische Besonderheit. Sie haben Krallen an den Enden des zweiten und dritten Fingers, die aus ihren Flügeln wie Haken herausragen. Damit können sie sich an der Rinde der Bäume hinaufziehen, verstecken sich im Geäst und werden dort von ihren Eltern weitergefüttert. Droht erneut Gefahr, retten sie sich wieder mit einem Sprung ins Wasser.

Nachdem sie ihre Flugfähigkeit erlangt haben, verlieren sie bis zum 100. Lebenstag ihre Flügelkrallen. Diese legen eine direkte Verwandtschaft mit dem Urvogel *Archaeopteryx* nahe, der ebenfalls solche Flügelkrallen besaß. Es dürfte sich aber beim Hoatzin um eine Neubildung bei der Anpassung an die Erfordernisse dieses Lebensraums handeln. In frühen Entwicklungsstadien bilden noch viele Vogelarten jene für die Saurier typischen Krallen aus. Beim Hoatzin könnten diese genetisch noch vorhandenen Baupläne wieder reaktiviert worden sein, nachdem die Krallen bereits verschwunden waren.

Die Blätternahrung der Hoatzins ist sehr karg und muss erst aufbereitet werden. Ihre Verdauungsmethode ähnelt der von Wiederkäuern. Die Pflanzennahrung wird in einem „Vormagen", in ihrem Fall im riesigen Kropf, vorverdaut, bevor sie im Magen und Darm endgültig verarbeitet wird. Wie im Pansen einer Kuh wird die pflanzliche Zellulose durch eine besondere Bakterienflora aufgeschlossen. Wie bei den Wiederkäuern entstehen bei der Verdauung Gase, die auf natürlichem Weg nach hinten entweichen. Deshalb wird der Hoatzin auch „Stinkvogel" genannt.

Der Honigdachs und die tollkühne Furchtlosigkeit

Die Flucht ist nicht seine Sache, Kampfbereitschaft ist seine Strategie. Der Honigdachs scheint nichts und niemanden zu fürchten, sondern stellt sich draufgängerisch jeder Auseinandersetzung – auch mit vermeintlich weit überlegenen Gegnern.

Der Honigdachs *(Mellivora capensis)* kommt in weiten Teilen des afrikanischen Kontinents, der arabischen Halbinsel und in Indien vor. Er ist meist dämmerungs- oder nachtaktiv und wandert auf der Suche nach Nahrung bis zu 40 Kilometer täglich in seinem sehr großen Territorium umher, das er mit anderen Honigdachsen teilt. Um diesen seine Anwesenheit bekannt zu machen, werden markante Geländepunkte mit einem stinkenden Sekret aus der Analdrüse markiert.

Der Honigdachs nutzt eine sehr breite Nahrungspalette, die von Früchten, Beeren, Eiern, Insekten, Eidechsen, Fröschen und Vögeln bis zu kleinen und auch größeren Säugetieren reicht. Sogar Giftschlangen verschmäht der Honigdachs nicht. Wird er bei der Jagd einmal gebissen, dann hilft ihm seine natürliche Immunität, diese für viele andere Tiere tödliche Attacke zu überstehen. Es wird vermutet, dass seine Nervenrezeptoren denen von Giftschlangen ähneln, die gegen ihr eigenes Gift immun sind, weil verhindert wird, dass Gifte an diese Nervenenden andocken können.

Wie der Name verrät, ist seine absolute Lieblingsnahrung Honig und vor allem auch die eiweißreiche und sehr nahrhafte Bienenbrut. Hingegen ist die Bezeichnung „Dachs" irreführend, weil der Honigdachs zwar zur Familie der Marder zählt, nicht aber zu den eigentlichen Dachsen, sondern eine selbstständige Unterfamilie bildet.

Honigdachse haben eine Körperlänge von 60 bis 80 Zentimeter, dazu kommt noch ein Schwanz mit bis zu 30 Zentimeter Länge. Obwohl sie nur etwa 15 Kilogramm wiegen, sind sie außergewöhnlich kräftig gebaut und enorm wehrhaft. Ihre Vorderpfoten enden in langen und scharfen Krallen, die sie nicht nur zum Graben verwenden, sondern auch als gefährliche Waffe einsetzen.

Honigdachse besitzen eine äußerst derbe Haut und darunter eine dicke Fettschicht, die aber nur sehr lose auf der Muskulatur aufliegt und diese eher wie eine Gummihülle ummantelt. So finden auch die Zähne sehr großer Raubtiere wie Löwe oder Leopard keinen Halt, und der Honigdachs bleibt bei einem Angriff durch diese meist unverletzt. Zur Verteidigung verspritzt er ähnlich einem Stinktier sein äußerst übelriechendes Sekret aus der Analdrüse.

Seine im Vergleich zu den großen Räubern geringe Körpergröße und sein wesentlich niedrigeres Körpergewicht gleicht der Honigdachs mit geradezu rücksichtsloser Aggressivität und einer tollkühnen Furchtlosigkeit aus. Es gibt viele Berichte und Dokumentationen, wie Honigdachse bei Bedrohung oder zur Verteidigung der Jungtiere mit weit aufgerissenem Maul und einem erschreckenden Knurren auf scheinbar übermächtige Gegner losgehen, seien es Löwen, Leoparden oder Schakale. Dieses Draufgängertum ist fast immer erfolgreich, sodass eine Begegnung mit ihm gemieden wird und ein erwachsener Honigdachs außer dem Menschen kaum natürliche Feinde hat. Es entsteht fast der Eindruck, dass sich der Honigdachs sehr selbstbewusst als der eigentliche Herrscher seines Territoriums sieht.

Das Kamel und die überlegene Einfalt

Altweltkamele sind perfekt an Lebensräume mit extremer Hitze und Kälte und vor allem Wassermangel angepasst. Sie können ohne Gefahr bis zu einem Drittel ihres Körpergewichtes an Wasser verlieren.

Kamele werden bei uns häufig mit negativen Attributen belegt, weil sie als einfältig betrachtet werden. Das „dumme Kamel" wird aber im krassen Gegensatz dazu auf der arabischen Halbinsel mit dem Beinamen „Ata Allah", „Geschenk Gottes", versehen. Erst das Kamel ermöglichte es dem Menschen überhaupt, die Wüstenregionen zu erobern. Die gesamte nomadische Lebensweise, die Handelskarawanen und auch die Raubzüge waren auf Gedeih und Verderb von der enormen Anpassung des Kamels an diese lebensfeindliche Umwelt abhängig.

Auch seinem zweihöckerigen Vetter, dem Trampeltier, geht es mit dem Gebrauch seines Namens als Schimpfwort nicht viel besser. Trampeln können sie aber gar nicht, da sie Schwielensohlen, also breite und elastische Fußpolster besitzen, die das Einsinken der bis zu 1000 Kilogramm schweren Tiere in den Sand verhindern und sie vor dem scharfkantigen Untergrund schützen.

Das einhöckerige Dromedar (*Camelus dromedarius,* Abb.) und das zweihöckerige Trampeltier *(Camelus bactrianus)* sind die beiden Arten der Altweltkamele. Zu den Neuweltkamelen gehören Lama, Guanako, Vikunja und Alpaka.

Im gesamten Tierreich gehen die Kamele am sparsamsten mit dem vorhandenen Wasser um. Das liegt aber nicht – so der weithin verbreitete Irrglaube – an den Höckern. Auch wenn es immer wieder behauptet wird, die Höcker sind keine Wasser-, sondern Fettspeicher. Wenn kein Futter zu finden ist, wird aus diesem Depot Energie geholt. Geschrumpfte und zur Seite gefallene Höcker sind somit ein Zeichen für Futtermangel. Hat das Kamel wieder genügend Gras, Stroh, Getreide, Datteln oder Kakteen zu fressen, füllt sich bald der Fettspeicher und der Höcker richtet sich wieder auf. Als Speicher für große Wassermengen dient der dreigliedrige Magen, der aus zwei Vormägen und einem Labmagen besteht.

Kamele sparen Wasser etwa durch eine starke Konzentration des Urins, der nur in kleinsten Mengen abgesetzt wird. Auch dem Kot wird im Enddarm fast alles Wasser entzogen.

Einzigartig ist die Form der roten Blutkörperchen. Sie sind nicht rund, sondern oval und zerplatzen damit nicht, auch wenn Kamele innerhalb weniger Minuten bis zu 200 Liter Wasser aufnehmen. Dank der etwa 19 Millionen roten Blutkörperchen pro Mikroliter Blut, also viermal so viel wie beim Menschen, wird die Sauerstoffversorgung auch bei starkem Wasserverlust und daher dickflüssigem Blut gesichert. Ihre Körpertemperatur können Kamele zudem zwischen 34 Grad Celsius in der Nacht und über 40 Grad Celsius am Tag verändern. So müssen sie am Tag weniger schwitzen und sparen das lebenswichtige Nass.

Auch Sandstürme können ihnen nur wenig anhaben, da verschließbare Nasenlöcher und extrem lange Wimpern das Eindringen von Sand verhindern.

Beim Überleben in der Wüste ist das Kamel in allen Bereichen dem Menschen überlegen. Dieses Tier als einfältig zu bezeichnen fällt daher ausschließlich auf den Verwender zurück.

Der Karnevalstintenfisch und die täuschenden Kostüme

Es gibt viele Tiere, die sich meisterlich tarnen und in ihrer Umwelt fast unsichtbar werden. Doch der Karnevalstintenfisch hat diese Anpassung noch weiterentwickelt und schlüpft nicht nur in verschiedene Verkleidungen, sondern ahmt auch das dazu passende Verhalten nach.

Die Karnevalstintenfische *(Thaumoctopus mimicus)* sind eine Krakenart, die gemeinsam mit den Kalmaren und den Sepien zu den Tintenfischen beziehungsweise den Kopffüßern, den *Cephalopodae,* gezählt werden. Diese Bezeichnung beschreibt diese Tiere sehr gut, da sie praktisch nur aus einem Kopf und den Gliedmaßen bestehen.

Die Karnevalstintenfische, die auch als „Mimik-Oktopusse" bezeichnet werden, leben im Indischen und Pazifischen Ozean, vor allem in den flachen Küstengewässern vor Malaysia, Indonesien und den Philippinen. Sie wurden erst im Jahr 2001 entdeckt, weil sie in ihren Maskierungen wahrscheinlich von den Tauchern früher nicht erkannt oder einfach für ein ganz anderes Tier gehalten wurden.

Die natürliche Farbe des etwa 60 Zentimeter großen Oktopus ist braun mit einer Vielzahl weißer Streifen auf Körper und Füßen. Doch diese Farbe trägt er nur bei völliger Entspannung und wenn keine Gefahr droht. Wie im Fasching wechselt der Karnevalstintenfisch die Kostüme, doch nicht nur fallweise, sondern bei Bedarf mehrere hundert Mal täglich. Dabei hat er eine Auswahl von etwa 15 verschiedenen Rollen, in die er schlüpfen kann. Häufig wird er zu einem Plattfisch, wenn er dicht am Grund des Meeres auf der Suche nach kleinen Krebsen über die offenen Sandböden gleitet. Dazu legt er seine Tentakel dicht aneinander, färbt sich in der Farbe des Bodens und ahmt täuschend echt die Schwimmbewegungen eines Plattfisches nach.

Im offenen Wasser zu schwimmen ist für andere Tintenfische gefährlich und sie müssen bei Angriffen hinter einer Tintenwolke ihr Heil in der Flucht suchen. Nicht so der Mimik-Oktopus. Er wird blitzschnell zu einer Imitation des Feuerfischs und stellt sich dem Feind, der um die hohe Giftigkeit des Originals weiß und von ihm ablässt.

Auf den gleichen Trick setzt der Karnevalstintenfisch auch dann, wenn er in das Kostüm der Seeschlange schlüpft. Dazu zieht er sich in eine Höhle zurück und lässt nur zwei seiner Tentakel herausschauen, die er in den typischen Wellen einer Schlange bewegt. Diese Nachahmung und die abwechselnd hellen und dunklen Streifen schrecken sofort jeden Angreifer ab, weil es sich bei der Seeschlange um eine Tierart mit einem der stärksten bekannten Gifte handelt.

Auch Veränderungen, die an Seeanemonen, Quallen, Schnecken oder Stachelrochen erinnern, hat der Mimik-Tintenfisch in seinem Repertoire der Täuschung. Diese Wechsel der Gestalt, der Farbe und vor allem auch des Verhaltens des Mimik-Oktopus ist nicht automatisiert, sondern er setzt je nach Gefahr und Feind ganz gezielt die am besten geeignete Form der Nachahmung ein. Stellt ihm etwa ein Riffbarsch nach, so imitiert er sofort die Seeschlange, weil der Riffbarsch zur bevorzugten Beute dieses Tieres gehört.

Die Kellerassel und die lichtscheuen Gestalten

Viele Liebhaber hat die Kellerassel wahrscheinlich nicht. Im Gegenteil, es wird ihr meist nachgestellt und versucht, sie sogar völlig los zu werden. Sicher ist sie nach menschlichen Maßstäben nicht besonders attraktiv, ansehnlich oder appetitlich. Dafür ist sie aber ungemein nützlich und unsere Böden würden ohne sie ganz bestimmt anders aussehen.

Die Kellerassel *(Porcellio scaber)* hat über die ganze Welt verteilt immens viel Verwandtschaft. Zu dieser Tierordnung gehören geschätzt zwischen 3 500 und 8 000 Arten. Die allermeisten von ihnen leben im Meer und nur ganz wenige Arten haben auf dem Land ihren Lebensraum.

Auf den ersten Blick sehen die Asseln eher aus wie Käfer, also wie ein Insekt. Sie gehören aber zur Klasse der Krebse oder Krustentiere und sie sind daher nahe verwandt mit anderen Krebstieren wie Hummern, Garnelen und Krabben. Die Landasseln sind aber die einzigen Krebse, die dauernd am Land leben können. Allen Asseln gemeinsam ist, dass sie sieben gleichartige Beinpaare besitzen. Darum werden sie wissenschaftlich auch als *Isopoda* bezeichnet, ein aus dem Griechischen abgeleitetes Wort für „Gleichfüßer".

Obwohl sie ausschließlich auf dem Land leben, atmen die Kellerasseln wie alle Krebse durch Kiemen. Daher sind sie immer auf eine relativ hohe Luftfeuchtigkeit angewiesen. Um auch genügend Sauerstoff zu bekommen, wird jeder noch so kleine Tropfen des kostbaren Nass ausgenützt und mit einem Leitungssystem zu den Kiemen transportiert. Durch mikroskopische Furchen zwischen den einzelnen Körperabschnitten wird das Wasser vom Rücken zur Bauchseite und von dort weiter zu den Kiemen an den Hinterleibsfüßen geleitet. Bei trockener Luft reicht die Kiemenatmung aber nicht aus. Daher haben sich ebenfalls an den Hinterleibsfüßen durch eine starke Verdünnung der Haut Behelfslungen entwickelt. Damit können Asseln auch aus der Luft Sauerstoff aufnehmen und sind somit echte Grenzgänger zwischen Wasser und Land und erinnern uns an frühe Zeiten der Evolution.

Für die Kellerassel ist Feuchtigkeit und Dunkelheit überlebenswichtig. Sonnenstrahlen und Wärme führen rasch zum Austrocknen und Ersticken. Kein Wunder, dass sie das Licht scheuen und sofort wieder die Dunkelheit suchen, wenn man sie in ihrem Lebensraum stört, indem ein Stein, ein Holzstück oder ein Blumentopf aufgehoben wird. Kellerasseln sind Tiere, die gern Gesellschaft haben und man findet sie meist in Ansammlungen. Verstreute Tiere scharen sich sofort wieder zusammen, aber immer nur in feuchter Dunkelheit.

Asseln suchen ihre Nahrung überall dort, wo abgestorbene Rückstände von Pflanzen zu finden sind. Mit ihren kräftigen Mundwerkzeugen zerkleinern sie Laub, Grasschnitt, Kompostreste oder auch morsches Holz. Dazu nehmen sie auch Bodenkrümel und Sandkörner auf, die in ihrem Darm mit der Pflanzenmahlzeit gründlich durchmischt werden. Der Kot der Asseln ist dadurch ähnlich wie der von Regenwürmern mit Ton-Humus-Teilchen angereichert und somit ein wesentlicher und durch die große Menge auch unverzichtbarer Beitrag zur Bodenverbesserung und Humusbildung.

Der Kiwi und das glänzende Markenzeichen

Es gibt wohl kein anderes Volk auf der Erde, welches sich so mit einem Tier identifiziert wie die Neuseeländer. Der Kiwi ist ihr nationales Symbol und findet sich auf unzähligen Wappen, Emblemen und Logos. Nach diesem einzigartigen Vogel nennen sich die heutigen Einwohner dieses Inselstaates sogar selbst „Kiwis".

Viele der Neuseeländer werden trotzdem den Kiwi *(Apteryx)* noch nie in freier Natur gesehen haben, weil er ausschließlich in der Nacht aktiv ist. Den Tag verbringen Kiwis in einer ihrer Erdhöhlen, aus denen sie erst nach Sonnenuntergang zur Futtersuche herauskommen, wobei sie sich bei ihren Streifzügen ganz auf ihren Geruchssinn und ihr Gehör verlassen müssen, da ihr Sehsinn nur sehr schwach ausgebildet ist. Mit ihrem dünnen und bis zu 20 Zentimeter langen Schnabel stochern sie in lockeren Böden nach Würmern oder Insektenlarven. Die beiden Nasenlöcher sind nicht wie gewöhnlich am Schnabelansatz, sondern liegen bei den Kiwis an der Schnabelspitze, wodurch sie auch tief im Erdboden ausgezeichnet riechen können.

Der Kiwi ist etwa so groß wie ein Haushuhn und somit der kleinste aller Laufvögel. Man nimmt an, dass er seine Flugfähigkeit verloren hat, weil es für Jahrmillionen keine Feinde auf der Insel gab, im Gegensatz zu heute, da die mit dem Menschen eingewanderten Ratten und Katzen ihm nachstellen.

Die Höhlen teilen sich die Kiwis mit ihrem Partner, dem sie ein Leben lang treu bleiben. Der Kiwi legt im Verhältnis zu seinem Körpergewicht das größte Ei (etwa 20 Prozent) in einer Bruthöhle ab. Bei Vogelarten, die Nesthocker sind, liegt der Durchschnitt bei etwa neun Prozent und bei Nestflüchtern lediglich zwischen sechs und acht Prozent. Bei Straußen sind es überhaupt nur zwei Prozent.

Die hohe Identifikation der Neuseeländer mit ihrem Nationaltier und die weltweite Bekanntheit des Vogels liegen vor allem an der Einführung eines Produktes mit dem Namen „Kiwi". Am Ende des 19. Jahrhunderts wanderte der Schotte William Ramsey nach Australien aus, um dort sein Glück zu versuchen. 1906 entwickelte er eine besonders wasserbeständige Schuhcreme, die den Schuhen auch einen hervorragenden Glanz verlieh. Zu Ehren seiner aus Neuseeland stammenden Frau nannte er seine Schuhpolitur nach ihrem Lieblingsvogel Kiwi. Außerdem passte die Silhouette des Kiwis als Markenzeichen perfekt auf die runden Deckel der Blechdosen.

Die im Ersten Weltkrieg eingesetzten neuseeländischen Soldaten benutzten diese Paste mit dem nur bei ihnen heimischen Vogel für Schuhe und Sättel, bis irgendwann ihre britischen und amerikanischen Verbündeten sie nur mehr Kiwis nannten. Diesen Spitznamen brachten sie in die Heimat mit und im Lauf der Zeit sprang er auf alle Einwohner über.

Besonders erfolgreich war die Kiwi-Marketingstrategie bei der „Chinesischen Stachelbeere“, die bei uns niemand unter ihrem originalen Namen kennt. Außerhalb Asiens wurde diese Frucht erstmals 1959 in Neuseeland in großen Mengen kultiviert und wird seither in alle Welt unter dem Namen „Kiwi“ exportiert.

Der Klippschliefer und der spanische Irrtum

Eine äußere Ähnlichkeit gibt es nicht, aber das soll bei Verwandten häufig vorkommen. Doch die genetischen Untersuchungen beweisen, dass Elefanten, Seekühe und Klippschliefer einen gemeinsamen Vorfahren haben, auch wenn die Existenz dieses Urahns schon viele Millionen Jahre zurück liegt.

Seither haben sich diese drei Tierordnungen sehr unterschiedlich an ihre Lebensräume angepasst, gehören aber trotzdem gemeinsam zu den Vorhuftieren *(Paenungulata)*. Diese Bezeichnung ist dennoch irreführend, da sie weder mit den Paarhufern noch mit den Unpaarhufern verwandt sind, sondern eine ganz eigenständige Gruppe bilden. So haben männliche Schliefer genauso wie die Elefanten und die Seekühe keinen Hodensack, da ihre Hoden in der Bauchhöhle in der Nähe der Nieren verborgen sind. Schliefer haben zwei kontinuierlich wachsende Schneidezähne wie Elefanten, die zwei ständig nachwachsende Stoßzähne besitzen. Gemeinsam sind ihnen auch die kleinen flachen Hufnägel, die sich an der Spitze der Zehen befinden.

Die Klippschliefer *(Procavia capensis)* leben in Kolonien mit bis zu 80 Individuen in felsigen Gebieten, die ihnen Wohnhöhlen und Verstecke vor Greifvögeln bieten, die ihre Hauptfeinde sind. An ihren Sohlen haben sie nackte, fast gummiartige Hautkissen, womit sie rutschsicheren Halt auch auf steilen und glatten Felsflächen haben.

Der Klippschliefer kommt heute in großen Teilen Afrikas und des Nahen Ostens vor und war schon in biblischen Zeiten im Heiligen Land sehr häufig. Deswegen wird er auch in der Bibel genannt, doch konnte der Klippschliefer erst in jüngerer Zeit wieder den ihm zustehenden Platz einnehmen, der für eineinhalb Jahrtausende in den heiligen Büchern vom Kaninchen oder Hasen besetzt wurde. Der Kirchenvater Hieronymus übersetzte im 4. Jahrhundert das Alte Testament vom Hebräischen in die lateinische Sprache. Dabei übersetzte er das hebräische Wort *šāfān* für Klippschliefer mit dem lateinischen Wort *lepus* für Hase. Erst am Ende des 20. Jahrhunderts wurde diese zoologische Ungenauigkeit geändert. So heißt es heute in den Psalmen, Kapitel 104 Vers 18, im Loblied auf den Schöpfer richtig: „… dem Klippdachs bieten die Felsen Zuflucht", oder im Buch der Sprüche, Kapitel 30 Vers 26: „Klippdachse sind ein Volk ohne Macht / und doch bauen sie ihre Wohnung im Fels". „Klippdachs" ist eine synonyme Bezeichnung für den Klippschliefer, der aber als reiner Pflanzenfresser mit dem Fleischfresser Dachs nichts gemein hat.

Der Klippschliefer ist wohl das einzige Tier, das einem ganzen Land seinen Namen gab. Als vor gut 3000 Jahren die Phönizier erstmals die iberische Halbinsel erkundeten, fielen ihnen die vielen Wildkaninchen auf, die es in ihrer Heimat nicht gab. Da diese Tiere aber in Größe, Farbe und durch ihr Leben in Erdhöhlen den ihnen gut bekannten Klippschliefern sehr ähnlich waren, nahmen sie irrtümlich eine enge Verwandtschaft an und nannten das Gebiet *ishapan*, das „Land der Klippschliefer". Durch die Römer wurde daraus die lateinische Bezeichnung *Hispania*, die sich schließlich zu *España* beziehungsweise Spanien wandelte.

Der Kolibri und das große Herz

Nur so groß wie eine Hummel ist der kleinste Vogel dieser Welt. Die kubanische Bienenelfe ist eine von knapp 370 Kolibri-Arten, die alle auf dem amerikanischen Kontinent leben, meist in der Nähe des Äquators.

Um deren Gewicht zu messen, braucht man eine Apothekerwaage, da die zwei Gramm der Bienenelfe (*Mellisuga helenae,* Abb.) sonst kaum angezeigt würden. Auch die größte Kolibri-Art, der „Riesenkolibri" wiegt nur bis zu 24 Gramm.

Nicht nur mit ihrer Winzigkeit sind die Kolibris *(Trochilidae)* extrem. Auch bei vielen Organen und Eigenschaften ist die Evolution bei ihnen an die Grenze des Möglichen gegangen.

Der kleinste Vogel legt auch das kleinste Ei. Die Größe von nur fünf Millimetern reicht trotzdem für die Entwicklung junger Bienenelfen.

Das Herz der Kolibris ist zwar nur so groß wie eine Heidelbeere, im Verhältnis zu ihrem Körper ist dieser Pumpmuskel aber größer als bei jedem anderen Tier. Ungefähr ein Fünftel des gesamten Körpergewichts entfällt auf das Herz. Schon in Ruhe schlägt es 500-mal in der Minute. Im schnellen Flug kann der Puls mit 1200 Schlägen rasen. Aber das Kolibriherz ist ein anpassungsfähiger Muskel. Bei großer Kälte oder Nahrungsmangel verlangsamt es die Frequenz und schlägt nur noch 30-mal pro Minute.

Jede der Kolibri-Arten besitzt einen ganz speziell gestalteten Schnabel, der zu bestimmten Blütenformen passt, um so in der Tiefe der Blüte an den Nektar zu gelangen und ganz nebenbei auch die Pflanze zu bestäuben. So kann jede Kolibri-Art eine eigene ökologische Nische besetzen. Der Schwertschnabelkolibri *(Ensifera ensifera)* hat unter allen Vögeln im Verhältnis zur Körpergröße den längsten Schnabel. Der schwarze und leicht aufwärts gebogene Schnabel ist mit seinen etwa zehn Zentimetern länger als der gesamte restliche Körper.

Mit der hochspezialisierten Zunge saugen diese Kolibris dann den Nektar auf. Die Zunge ist doppelt so lang wie der dünne Schnabel, an der Spitze gespalten und besteht aus zwei winzigen Röhren, die wie Trinkhalme funktionieren.

Mehrere hundert Blüten besucht ein Kolibri pro Tag, um Nektar zu schlürfen. Er fliegt hin, bleibt in der Luft stehen, versenkt seinen langen Schnabel in die Blüte und legt nach dem Trinken den Rückwärtsgang ein, um den Schnabel aus der Blüte zu ziehen.

Der Kolibri ist der einzige Vogel, der auch rückwärts fliegen kann. Dafür haben diese Vögel anatomische Besonderheiten entwickelt. Sehr bewegliche Schulter- und Ellenbogengelenke, extrem kurze Ober- und Unterarmknochen und eine verhältnismäßig steife Flügelflache ermöglichen ihnen, die Flügel in einem Halbkreis von 180 Grad zu bewegen. Sie können sie auf diese Weise in Form einer liegenden Acht rotieren lassen. Und das mit einer unglaublichen Geschwindigkeit von 50 bis 100 Flügelschlägen pro Sekunde. Das ist der schnellste Flügelschlag im gesamten Vogelreich. Die Schlagebene, auf der sich die Flügel bewegen, ist entscheidend für die Flugrichtung des Kolibris. Richtet er die Ebene vorne auf, wird die Luft nach unten und vorwärts gedrückt und der Kolibri fliegt im Retourgang.

Der Komodowaran und ein Tropfen Gift

Bei seinem Anblick könnte man glauben, dass er Vorbild für die Vorstellung von Drachen in den Märchen und Sagen war. Er wurde aber erst am Beginn des 20. Jahrhunderts entdeckt und dabei kam sogar das Gerücht auf, dass er Feuer speien könne. Das ist natürlich grober Unsinn, aber trotzdem ist diese größte aller auf der Erde noch existierenden Echsen durch ihr Gift extrem gefährlich.

Gewiss war der Komodowaran *(Varanus komodoensis)* der einheimischen indonesischen Bevölkerung schon immer bekannt, doch die über Jahrhunderte in Indonesien herrschenden holländischen Militärs und Kolonialbeamten verwiesen die Geschichten über das „Landkrokodil" in das Reich der Mythen. Daher kam es erst im Jahr 1912 zur ersten wissenschaftlichen Beschreibung dieses Tieres.

Komodowarane ernähren sich sowohl von lebenden Tieren als auch von Aas. Selbst Lebewesen wie Hirsche oder Wasserbüffel, die wesentlich größer sind als sie selbst, werden zu ihren Opfern. Bis vor einigen Jahren nahm man an, dass ihr Speichel einen tödlichen Bakteriencocktail enthält, der das Opfertier nach dem Biss an einer Blutvergiftung sterben lässt. Doch ist die Anzahl der Bakterien und deren Zusammensetzung nicht wesentlich gefährlicher als die Maulflora anderer Raubtiere. Diese oft gehörte Annahme führt also nicht zum großen Jagderfolg der Komodowarane.

Große Beutetiere einfach mit einem kräftigen Druck seiner Kiefer zu töten, gelingt dem Komodowaran auch nicht. Dafür ist trotz der scharfen Zähne seine Beißkraft zu gering. Krokodile vergleichbarer Größe haben eine etwa sechsmal so hohe Kraft in ihren Kiefern. Ausschlaggebend für seinen erfolgreichen Beutezug ist das Gift, das mit dem Biss in die Wunde gelangt. Der Komodowaran hat im Kiefer Giftdrüsen, deren Kanäle in den Mundraum führen. Diese enden nicht wie bei den Schlangen in den Zähnen, sondern in den Zahnzwischenräumen. Das Gift ist eine äußerst wirksame Proteinmischung, die dazu führt, dass die Blutgerinnung vermindert und die Blutgefäße erweitert werden. Nur ein Milliliter dieses Toxins reicht schon aus, damit der Blutdruck des Opfers absinkt, dass es Krämpfe und Lähmungen erleidet und schließlich verendet.

2006 schlüpften im Zoo von Chester im Nordwesten Englands fünf kleine Komodowarane aus ihren Eiern. Die große Sensation war nicht, dass es sich bei den Waranen um eine besonders seltene Tierart handelt, sondern dass diese von einem dort gehaltenen Weibchen stammten, das niemals Kontakt zu einem Männchen gehabt hatte. Es war der erste dokumentierte Fall einer Parthenogenese, also einer Jungfrauengeburt, bei dieser Tierart. Dies kannte man zwar von kleineren Eidechsen, aber nicht bei diesem riesigen Reptil mit bis zu drei Metern Länge und 90 Kilogramm Gewicht.

Junge Warane flüchten sofort auf Bäume, da ihnen die erwachsenen Exemplare dorthin nicht folgen können. Diese haben nämlich keine Skrupel, auch ihren Nachwuchs zu verspeisen. Erst nach mehreren Jahren in der Höhe steigen sie als halbwüchsige Komodowarane wieder herab und mischen sich nun ungefährdet unter die giftige Verwandtschaft.

Das Krokodil und die dritten Zähne

Ein Krokodilmaul enthält 60 bis 70 messerscharfe, kegelförmige Zähne, die ausschließlich für das Zupacken gemacht sind. In Kombination mit einer enormen Beißkraft, die nur von Weißen Haien übertroffen wird, entkommt keine Beute, wenn sie einmal geschnappt ist. Sie wird unter Wasser gezogen und bei kleineren Tieren als Ganzes verschlungen.

Bei größeren Beutetieren reißen die Krokodile Stücke heraus, indem sie sich mit der „Todessrolle“ um die eigene Achse drehen. Da bei Krokodilen der Unterkiefer völlig unbeweglich ist und nur der Oberkiefer geöffnet und geschlossen werden kann, ist eine Seitwärtsbewegung des Mauls und somit ein Kauen und Zerkleinern der Beute unmöglich.

Durch die enormen Belastungen können die Krokodilszähne an Schärfe verlieren oder verloren gehen. Die dritten Zähne bekommen diese Tiere schon im jugendlichen Alter. Angst vor Zahnverlust kennen Krokodile nicht. Denn die Zähne werden regelmäßig einmal im Jahr erneuert. Wenn ein Zahn ausfällt, wartet darunter schon der nächste. Dieser Erneuerungsprozess der Zähne hält ein ganzes Krokodilleben lang an. Da Krokodile je nach Art ein Alter von 30 bis 70 Jahren erreichen können, bilden sich in ihrem Leben insgesamt bis zu 3 000 Zähne. Möglich wird diese Regenerationsfähigkeit dadurch, dass jeder einzelne Zahn aus einer dreiteiligen Einheit besteht, nämlich einem fertig ausgebildeten Zahn, einem kleinen, noch unreifen Ersatzzahn und einer darunterliegenden Gewebsschicht, der Zahnleiste. Geht ein ausgewachsener Zahn verloren, rutscht der Ersatzzahn nach und die Zahnleiste wird zu einem neuen Ersatzzahn. Von diesem trennt sich Gewebe ab, das schließlich zur neuen Zahnleiste wird.

Die Ordnung der Krokodile ist in den tropischen Regionen aller Erdteile verbreitet und teilt sich in drei Familien mit über 20 Arten auf. Die Echten Krokodile, die in Afrika, Asien, Amerika und Ozeanien vorkommen, die Alligatoren und Kaimane, Bewohner des amerikanischen Kontinents, und die Gaviale, die ausschließlich in Indien leben. Die echten Krokodile, deren bekanntester Vertreter das afrikanische Nilkrokodil *(Crocodylus niloticus)* ist, erkennt man am vierten Zahn im Unterkiefer, der im Gegensatz zu den Alligatoren auch bei geschlossenem Maul immer sichtbar ist.

Alle Krokodile leben im Süßwasser, bis auf die aus dem Film „Crocodile Dundee“ weltbekannten australischen Leistenkrokodile (*Crocodylus porosus,* Abb.), die auch „Salzwasserkrokodile“ genannt werden, weil sie nicht nur in den Sümpfen und Flüssen im Landesinneren, sondern auch im Brackwasser und an den Meeresküsten leben.

Die Körpertemperatur der wechselwarmen Krokodile hängt immer von der Umgebungstemperatur ab. Diese ist auch dafür entscheidend, ob männliche oder weibliche Krokodile aus den Krokodileiern schlüpfen. Bei kälteren Temperaturen unter 30 Grad Celsius schlüpfen weibliche Tiere, bei höheren Temperaturen über 30 Grad männliche Tiere.

Da das Verschlingen von großen Fleischbrocken nicht einfach ist, vergießen sie dabei die sprichwörtlichen Krokodilstränen. Aber sicher nicht aus Mitgefühl für ihre Opfer, sondern weil sie dabei stark schnauben und mit viel Druck Luft durch die Nasenhöhlen pressen, wodurch sich ihre Tränendrüsen entleeren.

Der Kleine Leberegel und das sechsbeinige Taxi

Er ist ein Glanzstück der Evolution. Auch wenn dieser Saugwurm nicht besonders auffällig in Erscheinung tritt, so hat er doch im Lauf der Evolution einen sehr ausgeklügelten Lebenszyklus entwickelt.

Der Kleine Leberegel *(Dicrocoelium dendriticum)* ist als erwachsenes Tier ganz platt, nur etwa zwei Millimeter breit und zehn Millimeter lang. Der natürliche Lebensraum dieses kleinen Parasiten sind die Gallengänge in der Leber von Schafen, Ziegen, Rehen, Hasen und vielen anderen Säugetieren. Besonders in feuchteren Gegenden ist dieser Saugwurm stark verbreitet, wobei die Wirtstiere nur bei einem massiven Befall erkranken und sichtbare Erscheinungen haben.

Im Lebergewebe und in den Gallengängen findet der kleine Leberegel perfekte Lebensbedingungen vor und braucht sich um seine Nahrung praktisch nicht zu kümmern. Doch für seine Vermehrung benötigt er eine langwierig Außenpassage. Um diese gefährliche Phase gut zu überstehen und nicht nur auf Zufälle angewiesen zu sein, hat er eine raffinierte Methode entwickelt, um danach in eines seiner Wirtstiere zu gelangen.

Die Fortpflanzung beginnt mit massenhaft produzierten Eiern, die über den Gallenfluss in den Darm gelangen und mit dem Kot ausgeschieden werden. Die Eier enthalten bereits voll entwickelte Wimpernlarven, die äußerst widerstandsfähig sind, die Kälte des Winters überstehen und so bis zu eineinhalb Jahre überlebensfähig sind. Für die weitere Entwicklung brauchen diese Larven aber einen Zwischenwirt, nämlich eine Landschnecke, wobei die Leberegel-Larven nicht wählerisch sind und sehr viele Landschneckenarten als Zwischenwirte benutzen. Die Larven werden von den Schnecken mit der Nahrung aufgenommen, wenn diese sich am Kot der Pflanzenfresser gütlich tut. Einmal in der Schnecke, verlassen die Larven ihre Eier, durchbohren die Darmwand, verwandeln sich und wandern in die Atemhöhle. Am Ende dieser Entwicklung hustet die Schnecke den Leberegelnachwuchs – gehüllt in Schleimballen mit einem Durchmesser bis zu zwei Millimeter – einfach aus und ist so die Quälgeister wieder los.

Die Larven sind nun in der freien Natur noch weit von ihrem Endwirt, etwa einem Schaf oder einem Hasen, entfernt und daher nehmen sie für die Reise dorthin

ein sechsbeiniges Taxi der Familie *Formicidae*, also der Familie der Ameisen. Die von den Schnecken ausgeschiedenen Schleimballen werden von Ameisen gefressen. Der Großteil der Larven gelangt so in die Leibeshöhle der Ameise, ein kleiner Teil wandert in deren „Gehirn", das Zentralganglion. So bringen sie die Ameise unter ihre Kontrolle und verändern ihr Verhalten dramatisch. Bei Temperaturen unter 15 Grad Celsius kehren die Ameisen zu Beginn der Nacht nicht wie üblich in ihren Bau zurück, sondern klettern auf die Spitze von Grashalmen. Bedingt durch einen Krampf ihrer Mundwerkzeuge beißen sie sich daran fest und verbringen dort die Nacht. In den frühen Morgenstunden wird dann das Ameisentaxi samt den Larven-Passagieren bei der ersten Mahlzeit vom Wirtstier gefressen und der Lebenszyklus des kleinen Leberegels ist abgeschlossen.

Der Leierschwanz
und das meisterhafte Gesamtkunstwerk

Ihren Namen verdanken sie den beiden etwa einen halben Meter langen Schwanzfedern, die aufgestellt an die beiden Arme einer Leier, eines Musikinstruments, erinnern. Die besonders feinen silber-weißen Federn zwischen den beiden seitlichen Schwanzfedern des männlichen Leierschwanzes entsprechen den Saiten dieses Zupfinstruments. Ihr musikalischer Name ist auch deshalb sehr passend gewählt, weil Leierschwänze das breiteste Lautrepertoire aller Vögel haben.

Leierschwänze leben scheu und verborgen in den gemäßigten und subtropischen Regenwäldern Südaustraliens und Tasmaniens. Im Waldboden scharren sie unter Tags mit ihren scharfen Krallen nach Nahrung, die größtenteils aus Insekten, Würmern und Larven besteht. In der Nacht ziehen sich die Leierschwänze in den Schutz hoher Bäume zurück.

Eine besondere Begabung besitzen die Leierschwänze *(Menura)* bei der Imitation von Stimmen und Geräuschen. Nicht nur, dass sie den Gesang verschiedener anderer Vögel täuschend echt nachahmen können, sie geben auch künstliche Geräusche perfekt wieder, die in ihrem Lebensraum vorkommen. Ihrer Imitationskunst sind dabei kaum Grenzen gesetzt. Zu besonderer Berühmtheit hat es der Leierschwanz „Chook" im Zoo der australischen Stadt Adelaide gebracht. Auch nach dem Ende einer Baustelle in der Nähe seines Geheges waren weiterhin die Geräusche von Hammerschlägen, Motoren oder Kreissägen zu hören, die der Vogel in sein dauerndes Programm aufgenommen hat und dem staunenden Publikum präsentierte.

Diese enorme Fähigkeit der Imitation ist dem Leierschwanz durch den ausgeprägtesten Stimmkopf aller Singvögel gegeben. Dieses auch „Syrinx" genannte Lautbildungsorgan der Vögel liegt meist an der Aufspaltung der Luftröhre in die beiden Hauptbronchien. Zwischen den dort befindlichen Syrinxringen sind insgesamt vier Membranen gespannt, die bei einer raschen Ausatmung in Schwingung kommen. Deren Spannung kann durch Muskeln verändert werden, wodurch es zur Modulation der Töne und zum charakteristischen Vogelgesang kommt.

Der Gesang des Leierschwanzes dient vor allem der Untermalung seines Balztanzes, denn nur die richtige Kombination von Musik und Tanz wirkt auf die Leierschwanz-Damen. Für die Vorführung werden von den Leierschwanz-Männchen verschiedene Tänze einstudiert, wobei für jede einzelne Tonfolge auch eigene Tanzschritte verwendet werden. Ähnlich wie bei im Tanz geübten Menschen, die bei Walzerklängen andere Tanzschritte verwenden als bei Rockmusik. Der Leierschwanz verwendet komplizierte Schrittfolgen, die nicht nur kurz vor der Balz, sondern über Jahre intensiv geübt werden. Trotzdem passieren auch immer wieder einmal Fehler in der Choreografie, wahrscheinlich ist die Koordination von Tanz und Gesang genauso schwierig wie für uns Menschen.

Was den Forschern bisher aber verschlossen blieb und vielleicht immer bleiben wird, sind die Kriterien, die zur Partnerwahl durch die Vogeldamen führt. Erscheint dem menschlichen Betrachter Tanz und Gesang perfekt und harmonisch, wendet sich das Leierschwanz-Weibchen doch oft von diesem Bewerber ab und einem anderen Männchen zu.

Die Leierschwänze haben es im Zusammenspiel von Aussehen, Gesang und Tanz zu höchster Meisterhaftigkeit gebracht, und die Natur hat damit geradezu ein Gesamtkunstwerk geschaffen.

Der Leuchtkäfer und die kalte Energie

Hätte der Mensch auch nur eine annähernd ähnliche Effizienz bei der Umwandlung und Anwendung von Energie wie der Leuchtkäfer, dann wäre die Energiewende schon längst gelungen.

Alljährlich um den 24. Juni, den Johannistag, also den Gedenktag von Johannes dem Täufer, kann man die Glühwürmchen beobachten, wie sie in warmen Sommernächten um die Wette leuchten. Dieses Jahr für Jahr pünktliche Auftreten hat ihnen auch zum Namen „Johanniskäfer" verholfen.

In Mitteleuropa kommen drei Arten vor. Der Kleine Leuchtkäfer *(Lamprohiza splendidula)*, der Große Leuchtkäfer *(Lampyris noctiluca)* und der Kurzflügel-Leuchtkäfer *(Phosphaenus hemipterus)*. Die flugunfähigen Weibchen all dieser Arten leuchten in der typisch gelbgrünen Farbe. Fliegende leuchtende Glühwürmchen können nur männliche Kleine Leuchtkäfer sein, da nur diese Art beide Fähigkeiten besitzt. Die Männchen des Kurzflügel-Leuchtkäfers sind flugunfähig und die flugfähigen Männchen des Großen Leuchtkäfers können nicht leuchten. Die Lichtzeichen dienen der Partnersuche, wobei die Leuchtorgane der Weibchen durch ihre fehlenden Flügel besonders gut sichtbar sind.

Die Bezeichnung „Glühwürmchen" ist zwar poetisch, täuscht jedoch gleich doppelt. Bei den Tieren handelt es sich nicht um Würmer, sondern um Käfer. Auch ist es kein „glühendes" Würmchen, denn die Tiere erhitzen sich nicht beim Leuchten. Sie produzieren kaltes Licht.

Dafür haben sie eigene leuchtende Zellen an der Bauchseite des Hinterleibes. In diesen läuft eine biochemische Reaktion ab. Vom Leuchtstoff Luciferin werden durch das Enzym Luciferase als Katalysator Teilgruppen abgespalten und dabei wird Energie in Form von Licht frei. Der in Licht umgewandelte Anteil an Energie, der Wirkungsgrad, beträgt bei den Glühwürmchen unglaubliche 98 Prozent. Bei einer herkömmlichen Glühbirne waren es lediglich fünf Prozent und bei einer modernen LED-Lampe 30 bis 40 Prozent der Energie.

Die bisher höchste Lichtausbeute wurde bei der auf dem amerikanischen Kontinent verkommenden Leuchtkäferart *Photinus pyralis* (Abb.) nachgewiesen.

Das Leuchten ermöglicht es den Käfern, sich zielsicher zu finden. Die Paarung erfolgt am Boden und auch die Eier werden im Boden abgelegt. Bald danach sterben die Käfer. Die aus den Eiern geschlüpften Larven machen eine drei Jahre dau-

ernde Entwicklung mit mehreren Häutungen durch. In dieser Zeit werden sie zu Verbündeten jedes Gärtners und zum tödlichen Feind von Schnecken. Die Leuchtkäferlarven sind bei ihrer Nahrung nämlich auf Schnecken spezialisiert, wobei sie weder Gehäuseschnecken noch Nacktschnecken verschmähen. Diese verfolgen sie auf ihrer Schleimspur und lähmen sie mit mehreren Giftbissen. Eine ausgewachsene Larve kann innerhalb von ein bis zwei Tagen eine um ein Vielfaches größere Schnecke auffressen. Schließlich wird die Larve nach einer kurzen Zeit eines Puppenstadiums zum leuchtenden Käfer. Dieser frisst gar nichts mehr, sondern zehrt von seinen Reserven aus der Larvenzeit. Er lebt nur noch für die Partnersuche und die Eiablage, bevor der Kreislauf des Lebens geschlossen wird.

Auch wenn der Leuchtkäfer nur wenige Tage in seinem Leben „glüht“, so ist sein natürliches, kaltes Licht dem technisch hergestellten Licht an Energieeffizienz weit überlegen.

Der Mähnenwolf und der falsche Kiffer

Diese Tierart sieht mit ihrer rotbraunen Färbung aus wie ein europäischer Fuchs, aber mit viel zu lang geratenen Beinen. In der Ahnenreihe könnte aufgrund der Form der Ohren aber auch ein Afrikanischen Wildhund und wegen der Ähnlichkeit in der Körpergestalt eventuell eine Hyäne vertreten sein. Seinen deutschen Namen verdankt er seiner charakteristischen schwarz gefärbten Mähne.

Obwohl Mähnenwölfe zur Familie der Hunde *(Canidae)* gehören, sind sie dennoch mit keinem der lebenden Wildhunde besonders nahe verwandt. Mähnenwölfe sind eine eigenständige Art und die einzigen Vertreter der Gattung *Chrysocyon*, was „goldener Hund“ bedeutet.

Ihr Lebensraum sind die offenen Grassavannen im zentralen Südamerika. Ihre Schulterhöhe beträgt etwa einen Meter, bei nur etwa 25 bis 30 Kilo Körpergewicht. Durch seine langen Beine kann sich der Mähnenwolf im hohen Gras der Savanne leicht und rasch bewegen, wenn er bei Dämmerung und in der Nacht Jagd auf kleine Säugetiere, Vögel, Reptilien, Amphibien und Insekten macht.

Der Großteil seiner Nahrung besteht aber nicht aus Fleisch, sondern aus Früchten, Pflanzen und Wurzeln. Um diese pflanzliche Nahrung besser zerkleinern zu können, besitzen die Mähnenwölfe für Hunde sehr breite Backenzähne.

Besonders gern frisst der Mähnenwolf die Früchte der Lobeira *(Solanum lycocarpum)*, die wegen seiner Vorliebe auch „Wolfsapfel“ genannt wird. Sie ist eine sehr häufig vorkommende Savannenpflanze, die buschartig wächst, bis zu drei Meter hoch wird und Früchte hervorbringt, die einer großen grünen Tomate ähneln. Im Gegensatz zu vielen anderen Nutzern wie Tapiren oder Pekaris, die nur bodennahe Früchte erreichen, kann der Mähnenwolf durch seine langen Beine und seine Fähigkeit sich aufzurichten auch die oberen Regionen abernten. Der Mähnenwolf ist aber auch für die Pflanze nützlich und sorgt für die Verbreitung des Wolfsapfels, da er die unverdauten Samen mit seinem Kot im ganzen Revier verteilt.

Im Gegensatz zu den anderen großen Wildhunden leben Mähnenwölfe nicht in Rudeln zusammen, sondern teilen sich mit einem lebenslangen Partner ein Revier. Außerhalb der Paarungszeit und bei der Aufzucht der Jungen besteht aber trotzdem nur ein loses Verhältnis, und sie durchstreifen meist als Einzelgänger das Territorium, das je nach Struktur und Nahrungsreichtum zwischen 30 und 60 Quadratkilometer betragen kann. Mähnenwölfe verständigen sich auch über große Entfernungen durch ein für Hunde typisches Bellen und nicht durch ein wolfsähnliches Heulen.

Ihre Reviere markieren Mähnenwölfe an auffälligen Stellen mit ihrem Urin, der einen überaus intensiven Geruch hat. Daher riecht man in Zoos diese Tiere schon lange, bevor man schließlich vor ihrem Gehege steht. Dazu kommt noch, dass die Harnausdünstung sehr stark an den Geruch von Marihuana erinnert. Daher ist es schon mehrfach vorgekommen, dass nach Hinweisen von besorgten Besuchern Polizeistreifen in Tiergärten aufgetaucht sind, um nach Hanfpflanzen zu suchen oder Gras rauchende Kiffer aufzuspüren. Die einzigen Funde waren aber immer nur ihr Territorium markierende Mähnenwölfe.

Der Mäusebussard und seine Liebe zu violett

Seine Lieblingsspeise gab ihm den Namen. Der Mäusebussard ist in unseren Breiten der effizienteste Jäger des kleinen Nagers.

Sein bevorzugter Lebensraum sind strukturierte, offene Landschaften wie Wiesen oder Äcker, auf denen er fast ausschließlich seine Nahrung sucht, mit angrenzenden Waldgebieten, in denen das Nest gebaut wird. Mäusebussarde können über zwei Jahrzehnte alt werden. Sie bleiben dieses lange Leben meist dem einmal gewählten Partner und auch ihrem Revier treu.

Der Mäusebussard *(Buteo buteo)* hat ein unglaubliches Sehvermögen. Im Zentrum seines Auges sind die lichtempfindlichen Sinneszellen so dicht aneinandergereiht, dass ihm auch über große Distanzen kein noch so kleines Detail entgeht. Er ist so scharfsichtig, als ob er ein Fernglas eingebaut hätte.

Wesentlich für den exzellenten Jagderfolg ist auch noch eine weitere Fähigkeit, nämlich jene, ultraviolettes Licht wahrzunehmen. Da der Urin von Mäusen UV-Strahlen reflektiert, kann der Mäusebussard die Harnspuren der Nager schon von Weitem erkennen und sofort beurteilen, ob die Jagd auf einer bestimmten Wiese lohnend ist. Der frische Urin der Mäuse leuchtet besonders stark. So sehen die Mäusebussarde und auch andere Greifvögel von oben mit einem Blick, wo sich Mäuse aufhalten, wo starke Urinspuren auf die Eingänge in die unterirdischen Behausungen hindeuten und wie stark die Mäusewege zwischen den unterschiedlichen Gangsystemen frequentiert sind. Der Mäusebussard spart damit Energie, weil er dann nur noch die Abschnitte mit den frischen Harnflecken beobachten muss. Als klassischer Ansitzjäger hält er dann auf Bäumen oder Zaunpfählen bewegungslos und mit unglaublicher Geduld Ausschau nach seiner Lieblingsbeute.

In der Netzhaut des Auges befinden sich verschiedene Sinneszellen. Stäbchen sind für das Schwarz-Weiß-Sehen verantwortlich, Zapfen für die Farbwahrnehmung. Der Mensch verfügt in der Netzhaut des Auges über drei verschiedene Zapfentypen, die grün-, blau- oder rotempfindlich sind. Vögel haben noch einen vierten Zapfentyp, mit dem sie das kurzwellige und ultraviolette Licht wahrnehmen können. Dadurch entstehen unzählige Mischfarben, die wir Menschen nicht sehen. Außerdem wirken im Vogelauge winzige Öltröpfchen im Zapfeninneren als

Farbfilter. So entstehen wesentlich mehr Varianten spezialisierter Zapfen, die selbst kleinste Farbunterschiede wahrnehmen. Vögel sehen die Welt wesentlich bunter als der Mensch!

Auch für die reinen Beerenfresser unter den Vögeln ist die UV-Wahrnehmung von großer Bedeutung. Über das abgestrahlte ultraviolette Licht von Beeren und Früchten erkennen sie sofort, ob diese reif sind, viel Zucker enthalten und somit besonders schmackhaft und energiereich sind. Unreife Beeren reflektieren nicht und daher lassen die Vögel sie noch hängen.

Diese besondere Farbwahrnehmung nutzen Vögel auch bei der Partnersuche. Viele Vögel, die für den Menschen gleich aussehen, sind tatsächlich mit unsichtbaren Mustern ausgestattet, die nur im ultravioletten Bereich sichtbar sind. Vögel können somit Männchen und Weibchen auf einen Blick auseinanderhalten. Die Vogelmännchen können sich so auch den Weibchen in einem Prachtkleid zeigen, ohne dadurch gleichzeitig für feindliche Säuger auffällig und somit leichte Beute zu sein.

Das Moschustier und der vegetarische Graf Dracula

Sie leben nicht in Transsylvanien, sondern in den bewaldeten Bergregionen Asiens, vor allem im Himalaya. Auch wenn ihre Zähne Graf Dracula alle Ehre machen würden – Moschustiere sind keine Vampire und sie saugen kein Blut, sondern leben als harmlose Pflanzenfresser. Trotzdem werden sie massiv verfolgt und ihr Bestand ist gefährdet.

Moschustiere *(Moschidae)* sehen aus wie kleine Rehe und wurden lange zu den hirschartigen Tieren gezählt. Daher findet sich in älteren Veröffentlichungen noch die Bezeichnung „Moschushirsch". Sie gehören aber eher zur zweiten Familie der Wiederkäuer, den Hornträgern. Ihre nähere Verwandtschaft sind also Antilopen, aber auch Ziegen und Rinder. Genau wie diese Arten besitzt das Moschustier eine Gallenblase, die allen Hirschartigen fehlt.

Moschustiere sind höchstens einen Meter lang, haben eine Schulterhöhe von 50 bis 80 Zentimetern und ihr Gewicht beträgt nur etwa zehn Kilogramm. Typisch für diese Tierart sind die stark ausgebildeten Hinterbeine, die länger als die Vorderbeine sind. Da ihre Hüfte höher ist als der Widerrist, haben sie einen hüpfenden Gang, der beinahe an ein Känguru erinnert.

Das auffälligste Merkmal des Moschustieres sind seine geradezu furchterregenden Eckzähne. Diese sind bei beiden Geschlechtern verlängert, bei den Männchen aber so stark, dass sie wie Hauer mehrere Zentimeter aus dem Maul ragen. Da sich Moschustiere ausschließlich von Pflanzen ernähren, benötigen sie diese langen und spitzen Zähne nur in der Brunftzeit als Waffe beim Kampf gegen Rivalen. Bei solchen Brunftkämpfen stehen sich die Moschustiere nicht frontal gegenüber, sondern seitlich Körper an Körper. Dabei können sie sich mit den Eckzähnen auch tiefe Wunden zufügen.

Ihren Namen haben die Moschustiere aber von einer anderen Besonderheit, der Moschusdrüse, die aber nur die Männchen besitzen. Sie liegt zwischen dem Nabel und den Geschlechtsorganen. Die Drüse sondert ein bräunliches und sehr stark riechendes Sekret ab, mit dem die Tiere ihr Revier markieren und in der Brunft Weibchen anlocken. Diese nur etwa 50 Gramm schweren haarigen Beutel enthalten zur Hälfte Moschus.

Das natürliche Sekret ist einer der wertvollsten Stoffe, die es überhaupt gibt. Moschus ist wesentlich teurer als Gold! Er gilt als elementar für die traditionelle asiatische Medizin und wird in Hunderten Medikamenten verwendet. In den westlichen Ländern war er Bestandteil edler Parfums. Für diesen Zweck wird heute Muscon, der Hauptduftstoff des Moschus, synthetisch hergestellt. Die asiatische Medizin setzt noch keinen künstlichen Ersatzstoff ein. Um den Druck auf die wildlebenden Moschustiere zu vermindern, wird in China versucht, Moschus durch regelmäßiges Ausschaben der Drüse von auf Farmen lebenden Tieren zu gewinnen.

Der Wert der Drüse ist für Wilderer ein enormer Anreiz, die Moschustiere zu bejagen. Der Umfang der illegalen Tötung von Moschustieren und der kriminelle Handel von Moschus übertrifft die legale Jagd um ein Vielfaches. Das hat in vielen Gegenden bereits zur massiven Gefährdung dieser Tiere geführt.

Der Nacktmull und die ewige Jugend

Diese Lebewesen besitzen das Geheimnis der ewigen Jugend. Sie altern nicht und bleiben für immer jung.

Der afrikanische Nacktmull *(Heterocephalus glaber)* aus der Ordnung der Nagetiere ist kaum größer als eine Maus und lebt in großen Kolonien mit bis zu 300 Tieren in engen unterirdischen Bauten in den Trockengebieten Ostafrikas, speziell im Süden Äthiopiens, in Kenia und in Somalia.

Ihre Gänge durch den harten Wüstenboden graben die Nacktmulle mit großen, lebenslang wachsenden und einzeln beweglichen Nagezähnen, die vorne am Schädel noch vor der Lippe sitzen. So können sie zum Schutz vor Sand und Erde während des Grabens den Mund verschließen.

Der Nacktmull ist das einzige wechselwarme Säugetier. Diese Eigenschaft ist ganz entscheidend dafür, um bei den unterschiedlichen Umgebungstemperaturen in den Höhlensystemen Energie zu sparen. Dies ist unbedingt notwendig, da sich Nacktmulle nur von sehr nährstoffarmen, faserigen Pflanzenknollen ernähren. Um diese karge Nahrung optimal ausnutzen zu können, besitzen die Nacktmulle einerseits vor allem im Blinddarm Bakterien, welche die Nährstoffe verfügbar machen, andererseits nehmen sie wie Kaninchen schon einmal verdaute, als Kot ausgeschiedene Nahrung ein zweites Mal auf, um sie noch besser zu nutzen. Nacktmulle trinken nicht, da sie das lebensnotwendige Wasser aus ihrer Nahrung gewinnen.

Die Gesellschaft der Nacktmulle ist in Staaten organisiert, wie man sie im Tierreich sonst nur von Insekten kennt. Es wird auf hochspezialisierte Arbeitsteilung gesetzt, die an das Lebensalter des einzelnen Individuums gebunden ist. An der Spitze jeder Kolonie steht eine Königin, die als einziges Weibchen fruchtbar ist und etwa alle 70 bis 80 Tage bis zu zwei Dutzend Junge gebärt. Um diese vielen ungeborenen Jungtiere in ihrem Leib unterzubringen und trotzdem in den engen Gängen beweglich zu bleiben, wächst die Königin während der Trächtigkeit nicht in die Breite, sondern in die Länge.

Ihr Lebensraum in den unterirdischen Gängen ist so unwirtlich, dass sonst niemand dort überleben könnte. Es gibt kaum Sauerstoff, dafür ist die Konzentration von Kohlendioxid hoch. Nacktmulle können stundenlangen Sauerstoffmangel überstehen und überleben bis 18 Minuten, ohne überhaupt zu atmen. Das Gehirn schaltet sich aus, das Herz schlägt langsam, und wenn der Sauerstoff wieder vorhanden ist, wachen sie einfach wieder auf.

Nacktmulle empfinden keinen Schmerz, wenn sie mit Säure in Berührung kommen, die sich durch das Kohlendioxid bildet, und sie erkranken auch niemals an Krebs. Sie nehmen Stiche oder Hitze zwar wahr, empfinden sie aber nicht als schmerzhaft.

Aber die für uns Menschen wohl faszinierendste Eigenschaft der Nacktmulle ist, dass sie keinen körperlichen Verfall und keine Anzeichen von Alterung kennen. Ihre Lebenserwartung mit über zwei Jahrzehnten übertrifft die anderer Nagetiere wie Maus, Ratte und Hamster bei Weitem. Ein einzigartiges Gen-Reparatursystem und die Eiweißstabilität ermöglichen dies. Sie widerlegen mit ihrem Stoffwechsel ein grundlegendes Naturgesetz, dass sich nämlich exponentiell zum Alter die Krankheitsanfälligkeit und das Sterberisiko entwickelt. Nacktmulle leben den Traum der ewigen Jugend!

Der Narwal und die kaiserliche Wunderkammer

Sie gehören zu den wertvollsten Stücken, die in den Kunst- und Wunderkammern aufbewahrt werden. Über Jahrhunderte galten sie als Beweis für die Existenz der Einhörner. Diese Fabelwesen bekam man zwar selbst nie zu Gesicht, doch ihr vermeintliches Horn fand als unglaublich wertvolle Kostbarkeit Aufnahme in fürstliche und kirchliche Kunstsammlungen. So auch in die Kaiserliche Schatzkammer in der Wiener Hofburg, in der ein solches Horn, auch „Ainkhürn" genannt, noch heute präsentiert wird. Weil es einen wesentlich höheren Wert als Gold hatte, wurde dieses Material auch für das kaiserliche Zepter verwendet.

Der Mythos vom Einhorn wurde besonders im Mittelalter in unzähligen Bildern und auch in den verschiedensten Naturbüchern dargestellt und war damit bis in die beginnende Neuzeit eines der wichtigsten Symbole in Kunst und Literatur.

Erst 1638 wies der Däne Ole Worm nach, dass die Hörner in Wahrheit die Stoßzähne eines Narwals sind. Seine Entdeckung brauchte aber noch die Bestätigung des großen dänischen Naturwissenschaftlers Thomas Bartholin mit seinem 1645 gedruckten Buch *De Unicornu observationes novae*, also „Neue Beobachtungen über das Einhorn". Aber zumindest in der wissenschaftlichen Artbezeichnung des Narwals *Monodon monoceros* lebt das Einhorn weiter.

Der Stoßzahn des Narwals ist der linke Eckzahn im Oberkiefer, also jener Zahn, der sich bei den Landraubtieren zum Fangzahn ausgebildet hat. Er wächst direkt durch die Oberlippe spiralförmig bis zu einer Länge von drei Metern und zehn Kilogramm Gewicht. Den Stoßzahn haben alle männlichen und einige weibliche Exemplare des Narwals.

Narwale können ohne den Zahn eine Körperlänge von bis zu fünf Metern erreichen und leben meist in kleinen Familiengruppen, bestehend aus einem Bullen, mehreren Kühen und den Jungtieren. Bei ihren Wanderungen können sie sich aber auch zu großen Herden mit mehreren hundert Tieren zusammenschließen. Ihr Verbreitungsgebiet ist der gesamte Arktische Ozean, am häufigsten rund um Grönland, wobei sie sich meist in der Nähe des Packeises aufhalten.

Auch nachdem man erkannt hatte, dass die Zähne nicht von mythischen Wesen, sondern von leibhaftigen Walen stammen, blieb es doch bis in unsere Tage ein Geheimnis, wofür die Narwale ihren Stoßzahn benötigen. Viele verschiedene Theorien versuchten den Zweck zu erklären. Etwa um Rangkämpfe zu führen oder sich den Weibchen zu präsentieren, wie ein Pfau mit seinem Rad. Klar war, dass der Narwal damit nicht seine Beute aufspießt, nicht den Meeresboden aufwühlt und auch nicht das Eis durchstößt.

Der Zahn des Narwals ist aber, wie man heute weiß, ein Sinnesorgan! Der zentrale Zahnnerv des Stoßzahnes ist mit einer Unzahl von Nervenleitungen mit der Oberfläche verbunden. Damit hat der Zahn zwar ein sehr hartes Äußeres, ist aber trotzdem zugleich ein sensibler Sensor. Damit dürfte der Narwal auch feinste Unterschiede der Wassertemperatur, des Wasserdrucks und der Konzentration des Salzgehaltes wahrnehmen. Damit kann er seiner Beute durch ihre Spuren im Wasser folgen.

Das Opossum und der lebensrettende Tod

Sie sind nicht besonders wehrhaft, auch nicht besonders schnell und gehören einer Tiergruppe an, die in den höheren Säugetieren starke Konkurrenten hat. Trotzdem schreiben die Opossums seit 80 Millionen Jahren eine Erfolgs- und Überlebensgeschichte. Sie bevölkerten schon gemeinsam mit den Dinosauriern die Erde. Auch heute gehören sie nicht zu den gefährdeten Tierarten. Das Geheimnis ihres Erfolgs ist die starke Anpassungsfähigkeit.

Bei ihrer Ernährung sind Opossums sehr flexibel: Insekten, Regenwürmer, Beeren, Früchte, Körner, Samen, Vogeleier, Schlangen, kleine Säugetiere oder auch Aas verzehren sie gerne. Nicht einmal Zecken können bei ihnen heimisch werden, da Opossums die Fähigkeit besitzen, sich selbst davon zu reinigen, und der Lästling gleich als willkommener Imbiss dient. Auch erschließen sie als Kulturfolger menschliche Siedlungen, da sie dort häufig Speisereste in Mülleimern und Hausgärten finden.

Nach einer kurzen Trächtigkeit von lediglich zwei Wochen gebärt das Opossum-Weibchen Junge, die nur einen Zentimeter groß und ein Zehntelgramm schwer sind. Sie müssen in den Beutel der Mutter kriechen und sich an einer Zitze festsaugen. Dort wachsen sie heran, bis sie zu groß für den Beutel sind und auf den Rücken der Mutter klettern, um von ihr noch einige Wochen getragen zu werden.

Die sechs Opossumarten *(Didelphis)* zählen zur Familie der Beutelratten und kommen ausschließlich auf dem amerikanischen Kontinent vor. Sie sind die einzigen Beuteltiere, die außerhalb des australischen Raums existieren.

Das Opossum ist von Natur aus gegen die Gifte der verschiedenen Schlangen und Skorpione seines Lebensraums immun, da sein Blut einen Eiweißstoff enthält, der alle diese Gifte neutralisieren kann. Die in Nordamerika vorkommende Opossumart, das Virginia Opossum, hat außerdem eine äußerst hohe natürliche Resistenz gegen die sonst für alle anderen Säugetiere tödliche Tollwut.

Kommt ein Fressfeind gefährlich nahe und ist eine Flucht unmöglich, so hat das Virginia-Opossum eine einzigartige Methode entwickelt, um doch noch sein Leben zu retten. Es stirbt, zumindest für eine kurze Zeit. Das Opossum fällt um, ist völlig starr und stellt sich tot. Sein Maul ist offen, die Zunge ist herausgefallen, durch die zurückgezogenen Lippen werden seine Zähne sichtbar und Speichel tropft heraus. Die Augen sind halb geöffnet. Um die Illusion eines schon verwesenden, stinkenden Kadavers perfekt zu machen, entleert sich der Darm und aus den Analdrüsen wird eine sehr übelriechende Flüssigkeit ausgeschieden. Sogar die Herzfrequenz und die Atmung des Tieres verlangsamen sich. In diesem Zustand kann das gekrümmte und steife Opossum berührt, gedreht oder sogar aufgehoben werden. Es bleibt scheintot.

Dadurch lassen die meisten Raubtiere das vermeintliche Aas unbehelligt liegen. Diese Schreckstarre kann von einigen Minuten bis zu einigen Stunden dauern. Wenn die Gefahr vorbei ist, erwacht das Opossum wieder und kann sich in Sicherheit bringen. Diese Verhaltensweise hat in Amerika sogar zu einer Redewendung für das Totstellen geführt: „Playing Possum", also „Opossum spielen".

Der Paradiesvogel und das absolute Schwarz

Die Nennung ihres Namens weckt sofort die Fantasie und man denkt an Farbenpracht, die Tropen und an exotische Welten.

Auch unsere Vorfahren waren von diesen Vögeln fasziniert. Durch ihre Buntheit erregten die ersten Vogelbälge, die Seefahrer und Händler im 16. Jahrhundert von ihren Reisen zu den Inseln Südostasiens nach Europa mitbrachten, ungeheures Aufsehen. Da die Eingeborenen den Seeleuten erzählten, dass diese Tiere vom Himmel kämen, wurden sie „Paradiesvögel" genannt.

Legenden rankten sich um sie. Die Bälge wurden durch die einheimische Bevölkerung traditionell ohne Beine präpariert. Da kein Europäer jemals lebende Paradiesvögel beobachtet hatte, nahm man deswegen sogar an, dass sie ein ganzes Leben in der Luft verbrächten und ohne Beine lebten. Erst ein Jahrhundert später gelangten vollständige Präparate nach Europa. Der wissenschaftliche Name des Großen Paradiesvogels erinnert heute noch an diese bizarre Annahme. Als 1760 Carl von Linné ihn systematisch einordnete, nannte er ihn *Paradisaea apoda,* also den „fußlosen" Paradiesvogel.

Die meisten Paradiesvögel leben auf Neuguinea, wie der Blaunacken-Paradiesvogel (*Parotia lawesii,* Abb.) Für sie gefährliche, größere Raubsäuger kommen dort nicht vor. Mit ein Grund dafür, dass sich derart auffällige Gefieder entwickeln konnten.

Jede der heute bekannten etwa 40 verschiedenen Arten aus der Familie der Paradiesvögel unterscheidet sich von den anderen in Farbkomposition, Größe und Balztanz. Der kleinste, aber am weitesten verbreitete ist der Königsparadiesvogel, der nur etwa 16 Zentimeter misst.

Einer der größten ist der Raggi-Paradiesvogel. Er ist so groß wie eine Krähe und hat für ihn typische, bis zu einem halben Meter lange rot-orange Schmuckfedern. Bei dieser Art balzen mehrere Männchen gemeinsam auf einem Balzplatz, dem Lek, einer Arena hoch oben in einer lichten Baumkrone. Durch laute Rufe locken sie die Weibchen aus diesem Gebiet und werfen sich in Pose, indem sie die prachtvollen Schmuckfedern spreizen. Das geht so lange, bis ein Weibchen sich den Bewerber aussucht. Von einer langen Partnerschaft und gemeinsamer Brutpflege hält der Raggi-Paradiesvogel aber nichts. Nach der Paarung kommt er wieder auf den Balzplatz zurück und versucht neuerlich sein Glück. Andere Paradiesvogelarten sind im Gegensatz dazu strikt monogam. Die Paare bleiben zusammen und ziehen auch ge-

meinsam ihren Nachwuchs auf. Im Gegensatz zu den Männchen sind die Weibchen der Paradiesvögel unscheinbar und perfekt getarnt.

Alle Paradiesvögel setzen aber beim Werben um die Weibchen auf Buntheit und Farbkontraste. Bis auf einen. Er setzt auf schwarz, um dadurch besonders aufzufallen und auf diesem Hintergrund seine wenigen grünblauen Federn besonders hervorzuheben. Aber nicht auf irgendein Schwarz. Sondern auf das schwärzeste Schwarz, das überhaupt möglich ist, praktisch das absolute Schwarz. Das Gefieder des Kragenparadiesvogels *(Lophorina superba)* absorbiert 99,95 Prozent des auftreffenden Lichts, so viel wie physikalisch überhaupt möglich ist. Dies geschieht nicht durch Pigmentierung, sondern durch eine ganz besondere Anordnung von Mikrofasern, die das Licht vielfach streuen und schließlich ganz verschlucken. Es ist unmöglich, in diesem Schwarz irgendwelche Konturen zu erkennen.

Der Pfeilschwanzkrebs und die blaublütige Gesellschaft

Aus ihnen sollen sich alle Skorpione und Spinnen entwickelt haben. Seit einer halben Milliarde Jahre bevölkern sie die Ozeane dieser Welt und haben sich dabei kaum verändert.

Sie existieren seit dem Kambrium, der Periode in der Erdgeschichte, in der es zu einer massiven Zunahme der verschiedenen Ausprägungen des Lebens gekommen ist und in der auch fast alle heute bekannten Tierstämme entstanden sind. Durch die Zunahme des Sauerstoffs im Meerwasser und in der Luft und des langsam milder werdenden Klimas kam es zur sogenannten „Kambrischen Explosion“, bei der die Vielfalt der Lebensformen enorm zugenommen hat.

Pfeilschwanzkrebse *(Limulidae)* waren im Lauf der verschiedenen Erdzeitalter dramatischen Veränderungen ihrer Lebensbedingen ausgesetzt und trotzdem haben sie als Art überlebt. Nun werden sie aber durch den Menschen gefährdet, weil es eine große Gier nach ihrem Blut gibt. Ihr Lebenssaft ist so wertvoll, dass er für hohe Summen gehandelt wird.

Das Blut der Pfeilschwanzkrebse ist blau. Im Gegensatz zum Blut der Wirbeltiere, bei denen das Hämoglobin für den Sauerstofftransport und die rote Farbe verantwortlich ist, haben die Pfeilschwanzkrebse für die Bindung des Sauerstoffs das Hämocyanin. Dieses Eiweißmolekül ist farblos und wird erst durch den Sauerstoff blau. Für die Bindung verantwortlich sind Kupfer-Atome, während im Unterschied dazu beim Hämoglobin Eisen-Atome diese Aufgabe übernehmen.

Mit ihrem blauen Blut befinden sich Pfeilschwanzkrebse in guter Gesellschaft. Die meisten Schnecken, Spinnen, Skorpione, viele Krebse (wie der Hummer) und vor allem auch Tintenfische sind blaublütig.

Es gibt mehrere Arten der bis zu 85 Zentimeter langen Pfeilschwanzkrebse, die alle an den Küsten der tropischen Meere in geringen Tiefen vorkommen. Im flachen Sandboden suchen sie nach Weichtieren, Muscheln und Aas. Zur Paarung kommen die Pfeilschwanzkrebse ganz in Ufernähe und legen Hunderte Eier in eine Mulde im Sand, die abgedeckt wird.

Das blaue Blut der Pfeilschwanzkrebse hat eine besondere Eigenschaft, die 1956 entdeckt wurde, nämlich dass es sich bei Kontakt mit auch nur geringsten Mengen von Bakteriengiften in eine gelartige Masse verwandelt. Darauf basierend wurde ein einfaches, schnelles und heute sehr gebräuchliches Verfahren zur Überprüfung der Sterilität verschiedenster pharmazeutischer Produkte, wie etwa Infusionslösungen, entwickelt, das nach dem lateinischen Namen der Tierart als „Limulus-Test“ bezeichnet wird.

Daher werden Pfeilschwanzkrebse auch in großer Zahl gefangen. Die Tiere werden in Speziallabore gebracht, wo ihnen ohne Betäubung mit einer Kanüle direkt aus dem Herzen etwa ein Drittel ihres blauen Blutes, also etwa 100 Milliliter, abgezapft wird. Auch wenn die Tiere nach der Entnahme wieder ins Meer zurückgebracht werden, so überlebt doch ein nicht geringer Teil diese Prozedur nicht oder viele sind für das weitere Leben stark geschädigt und vor allem in ihrer Fortpflanzungsfähigkeit eingeschränkt.

Es bleibt zu hoffen, dass sich bereits vorhandene, synthetische Methoden zur Überprüfung der Sterilität bald durchsetzen, bevor die Bestände der Pfeilschwanzkrebse so dezimiert sind, dass nach erfolgreichen 500 Millionen Jahren diese Art durch den Menschen verschwindet.

Der Pinguin und die kalten Füße

Eine beliebte Fangfrage für Biologie-Schüler: Welche Pinguinart frisst der Eisbär am liebsten? Jene, die sich in einem Zoo in ein Eisbärengehege verirrt. Sonst wird es schwierig, da 20000 Kilometer zwischen den beiden Tierarten liegen. Ein Treffen in natürlicher Umgebung ist unmöglich, da der Eisbär auf der Nordhalbkugel, in der Arktis, alle Pinguine jedoch auf der Südhalbkugel leben. Die 18 Pinguinarten verteilen sich über die Küstengewässer vor allem der Antarktis, aber auch Australiens und Neuseelands, der Westküste Südamerikas und einiger Küstenabschnitte Südafrikas.

Pinguine *(Spheniscidae)* sind perfekt an kalte Temperaturen angepasst und manche Arten halten sich an Land meist auf dem Eis auf. Damit stellt sich die Frage, ob sie da denn keine kalten Füße bekommen. Die Antwort ist: Nein! Weil sie nämlich immer kalte, sogar extrem kalte Füße haben! Warme Füße würden das Eis, auf dem sie stehen, zum Schmelzen bringen. Aufgrund der frostigen Umgebungstemperatur würde das Wasser aber sofort wieder zu Eis und der Pinguin festfrieren. Warme Füße hätten auch einen enormen Wärme- und somit Energieverlust zu Folge.

Deshalb ist in ihren Beinen ein natürlicher Wärmetauscher vorhanden. Das Blut fließt nicht in großen Gefäßen in ihre Füße, sondern in unzähligen kleinen Arterien. Diese liegen dicht neben den kleinen Venen, die das Blut wieder zum Herzen zurückführen. Durch das Gegenstromprinzip kommt nur kaltes arterielles Blut unten im Fuß an, weil die Wärme an das zurückfließende venöse Blut abgegeben wird. Die Gefäße der Beine sind in Fettpolstern gut verpackt, sodass der Wärmetausch nur zwischen den Gefäßen und nicht mit der Umgebung erfolgt.

Kaiserpinguine (*Aptenodytes forsteri,* Abb.) sind jene Pinguine, die am nächsten zum Südpol leben. Sie trotzen in der Antarktis Temperaturen von bis zu minus 40 Grad Celsius Lufttemperatur und orkanartigen Stürmen. Dennoch haben sie wie alle gleichwarmen Tiere eine konstante Körpertemperatur von in ihrem Fall zwischen 37 und 40 Grad Celsius.

Dazu braucht es eine perfekte Wärmedämmung, für die beim Pinguin vor allem sein Federkleid verantwortlich ist. Zwischen den Federn befindet sich eine isolierende Luftschicht, die durch Aufplustern noch dicker gemacht werden kann. Die unter der Haut liegende massive Fettschicht ist nur schwach durchblutet, sodass sie ebenfalls eine hohe Dämmleistung besitzt. Die riesigen Kolonien, der bei schlechtem Wetter eng beisammenstehenden Kaiserpinguine, befinden sich immer in einer langsamen Bewegung, wodurch es dauernd zu einem Wechsel zwischen den am kalten Rand stehenden und den in der wärmeren Mitte befindlichen Tieren kommt.

Wesentlich für ein Überleben in ihrem maritimen Lebensraum ist auch, dass die Pinguine Salzwasser trinken können. Da das so aufgenommene Salz genauso wie für einen Menschen auch für den Pinguin äußerst schädlich wäre, wenn es im Körper verbliebe, haben sie in der Stirnregion Drüsen, die das überschüssige Salz aus dem Körper entfernen. In diesen Salzdrüsen wird aus dem Blut ebenfalls durch das Gegenstromprinzip das Salz in kleine Hohlräume gefiltert. Dieses Sekret wird dann über Kanäle zu den Nasenöffnungen geführt und dort ausgeschieden.

Die Portugiesische Galeere und der aufgeteilte Staat

Tausende von einzelnen Individuen agieren bei diesen Tieren so koordiniert und aufeinander abgestimmt wie ein einziger Organismus. Die Portugiesische Galeere ist ein Zusammenschluss einer Unzahl von Polypen zu nur einer Kolonie, die in ihrer Gesamtheit ein quallenähnliches Wesen bilden.

Die Portugiesische Galeere *(Physalia physalis)* gehört mit etwa 150 anderen Arten zur Ordnung der Staatsquallen. Diese verdanken ihren Namen dem Umstand, dass bei ihnen wie bei einem modernen, organisierten Staat die verschiedenen Aufgaben (des Körpers) aufgeteilt sind und in Arbeitsteilung erledigt werden. Jeder einzelne Polyp in diesem Staat gehört einem bestimmten Typus, einer spezialisierten „Berufsgruppe" an und wäre ohne die anderen Polypentypen nicht lebensfähig.

So gibt es Gruppen, die mit ihren Tentakeln für den Fang der Beute zuständig sind. Diese bläulichen Fangarme können Dutzende Meter lang werden und sind mit Millionen giftiger Nesselkapseln bestückt, mit denen Fische betäubt und gefangen werden. Die Beute wird dann durch die langen Arme eingeholt und an die auf Verdauung spezialisierten Individuen übergeben, welche anschließend die Nährstoffe an alle Mitglieder der Kolonie verteilen. Eine andere Gruppe von Polypen übernimmt für die Gesamtheit die Fortpflanzung und ist ausschließlich dafür zuständig. Eine zentrale Aufgabe hat jener Polyp, der das „Segel" bildet. Dieses besteht aus einem mit Gas gefüllten Sack, aus dem ein Kamm nach oben ragt. Diese etwa 30 Zentimeter große Gasblase verleiht der gesamten Galeere den notwendigen Auftrieb und ist mit Luft und Kohlenmonoxid gefüllt, das von einer Gasdrüse hergestellt wird. Bei Gefahr kann die Gasblase plötzlich geleert werden, und das gesamte Wesen taucht ab.

Durch den Kamm wird mithilfe des Windes eine Bewegung der gesamten Kolonie möglich, wobei mit einer durch Muskeln veränderbaren Ausrichtung des Kamms auch die Richtung beeinflusst werden kann. Sämtliche Mitglieder der Kolonie sind Klone und durch eine Art Schnur miteinander verbunden, über die nicht nur die Nährstoffe, sondern auch Informationen weitergegeben werden.

Durch den hohen Grad an Spezialisierung der einzelnen Gruppen von Polypen wirken sie eher wie Organe eines einzigen Körpers und nicht so sehr wie eigenstän-

dige Organismen. Bei Ernst Haeckel, einem der bedeutendsten Zoologen am Ende des 19. Jahrhunderts, ging der Vergleich mit einer Staatsorganisation so weit, dass er die Einzeltiere der Staatsquallen als „Personen" bezeichnete.

Die Portugiesische Galeere lebt vor allem im Pazifischen Ozean und in der Karibik. Aufgrund von starken Stürmen und Meeresströmungen kommt es aber immer wieder vor, dass Exemplare bis zur Europäischen Atlantikküste und sogar bis in das Mittelmeer getrieben werden.

Ihr Gift ist auch für Menschen gefährlich. Die Nesselung kann starke Schmerzen, Herz-Kreislauf-Beschwerden oder einen allergischen Schock hervorrufen. Die Gefahr geht sogar noch von einzelnen Tentakeln aus, die von der Galeere abgerissen wurden und bei Berührung immer noch ihr Gift absondern. Trotz ihres giftigen Schutzes hat auch die Portugiesische Galeere Feinde. Verschiedene Schildkröten und Schnecken haben sie zum Fressen gern.

Der Pottwal und das Reich der guten Düfte

Sie sind ganz außergewöhnliche Tiere. Dies nicht nur wegen ihrer schieren Größe oder der für ein Säugetier unglaublichen Fähigkeit, sehr lange und tief zu tauchen, sondern auch wegen der wertvollsten Ausscheidung des Tierreichs.

Mehrfach wurde schon über Spaziergänger berichtet, die einen großen, unansehnlichen Klumpen am Meeresstrand fanden, der eine wachsartige Konsistenz besaß und dessen Herkunft und Zusammensetzung am Beginn völlig unklar war.

So hat auch der Hund eines solchen Spaziergängers am Strand im Nordwesten Englands sofort Gefallen an diesem übel, fast eklig riechenden Brocken gefunden. Zuerst ließ sein Besitzer ihn achtlos liegen, um ihn dann doch bei einem der nächsten Spaziergänge mitzunehmen. Er wollte herausfinden, was es mit diesem gelblichen, undefinierbaren Etwas auf sich hat. Die Nase des Hundes und seine Neugier machten ihn so um fast 100 000 Euro reicher. Es handelte sich um wertvollstes Amber, das in der Parfumindustrie eingesetzt wird. Trotz seines hohen Wertes ist es aber nichts anderes als das Erbrochene eines Pottwals.

Amber ist ein kostbarer Grundstoff für die Herstellung edelster Parfums, weil er Düfte stabilisiert und verhindert, dass sie sich zu rasch verflüchtigen. Aufgrund der Möglichkeit der chemischen Herstellung dieser Substanz und des Handelsverbots von Pottwalprodukten ist Amber kaum noch auf dem Markt. Für angespülte Fundstücke werden jedoch nach wie vor hohe Summen gezahlt, da Parfumeure die natürliche und komplexe Duftmischung schätzen, die dem synthetischen Aroma fehlt.

Pottwale fressen bis zu einer Tonne Nahrung pro Tag. Um ihre beliebteste Beute, die Riesentintenfische, zu finden, tauchen sie weit über 1 000 Meter tief, wobei ein durchschnittlicher Tauchgang etwa eine Stunde dauert. Man vermutet, dass die unverdaulichen Teile wie Schnäbel oder Hornkiefer von Tintenfischen und Kraken im Verdauungstrakt des Pottwals eingehüllt werden und so über viele Jahre die noch graue Amber entsteht. Der Wal würgt diese Brocken aus, die danach oft lange Zeit im Salzwasser treiben und der Sonne ausgesetzt sind. Die im Pottwal gebildete Vorsubstanz Ambrein ist noch völlig geruchlos. Erst durch Oxidation an der Umwelt entstehen die eigentlichen Geruchsstoffe Ambrox und Ambrinol, die für den Duft von Amber verantwortlich sind.

Pottwale sind Tiere der Superlative. Sie sind die größten Zahnwale und haben den größten Kopf des Tierreichs, der bis zu einem Drittel der Gesamtlänge des Wals ausmachen kann und in der Silhouette nahezu rechteckig ist. Darum auch die lateinische Bezeichnung *Physeter macrocephalus,* also Großkopf. Pottwale haben zudem mit bis zu 9,5 Kilogramm das schwerste Gehirn aller Lebewesen. Sie können tiefer und länger tauchen als jedes andere Säugetier.

Das lauteste jemals von einem Tier aufgenommene Geräusch stammt von einem Pottwal vor der nordnorwegischen Küste. Das einzelne Klickgeräusch erreichte 235 Dezibel, was der Lautstärke einer Mondrakete entspricht. Mit solchen Tönen sollen Pottwale ihre Beute desorientieren, betäuben oder sogar töten können.

Pottwale haben die niedrigste Reproduktionsrate im Tierreich. Nur alle drei bis fünf Jahre wird ein Weibchen trächtig. Sie trägt ihr Junges etwa 15 Monate, das dann aber dafür mit Milch, die mit annähernd 50 Prozent eine der fetthaltigsten im Tierreich ist, beinahe drei Jahre gesäugt wird. So können die Jungen auch bis zu 100 Kilogramm Gewicht pro Tag zunehmen.

Die Purpurschnecke und der rote Teppich

Es soll sich etwa um 1500 v. Chr. am Strand von Tyros zugetragen haben, dass dort eine Schafherde weidete und der Hund des Schäfers beim Spiel eine der vielen im Sand liegenden Schnecken zerbiss. Sein Maul wurde rot und der Schäfer wollte mit einem Tuch das vermeintliche Blut abwischen. Der wollene Stoff färbte sich bald darauf purpurn. Aus der Körperflüssigkeit der Schnecke hatte sich eine Farbe gebildet.

Es existieren noch einige andere Mythen über die Entdeckung der Farbe Purpur. Faktum ist aber, dass schon im zweiten vorchristlichen Jahrtausend um das heute libanesische Tyros eine intensive Herstellung von Purpur erfolgte. Auch ist sicher, dass die dort siedelnden Phönizier das Herstellungsverfahren von Purpur und die gesamte Färbekunst perfektionierten und von dort die purpurnen Stoffe und Teppiche als überaus kostbare Handelsprodukte in die gesamte damals bekannte Welt gebracht wurden. Das Ausmaß der Produktion kann man als fast industriell beschreiben. So finden sich noch heute an der Küste der nördlich von Tyros gelegenen, damals ebenfalls phönizischen Stadt Sidon über viele Hundert Meter Millionen von Schneckengehäusen, die sich dort meterhoch auftürmen und als Reste der Purpurherstellung übriggeblieben sind.

Diese Schalen stammen fast zur Gänze von den beiden damals wie heute am häufigsten im Mittelmeer vorkommenden Arten, der Herkuleskeule *(Bolinus brandaris)* und der Stumpfen Stachelschnecke *(Hexaplex trunculus)*. Als Purpurschnecken werden diese beiden Arten und andere Meeresschneckenarten aus der Familie der Stachelschnecken (*Muricidae,* Abb.) zusammengefasst. Sie alle besitzen die winzige Hypobranchialdrüse, die ein gelbliches Sekret absondert, das als Ausgangsprodukt für die Farbproduktion dient. Aber erst unter der Einwirkung des Sonnenlichts und des Luftsauerstoffs wechselt es seine Farbe über Grün und Violett schließlich zu Purpur.

Zur Herstellung von nur einem Gramm Purpur benötigte man bis zu 10 000 Schnecken und auch die weiteren Verarbeitungsschritte sind sehr aufwendig. Daher war der Preis unvorstellbar hoch.

Die Purpurschnecken verzehren gerne Aas und man wird auf einem Fischkadaver im Meer bald viele solcher Schnecken beobachten können. Sie sind aber auch Räuber, die andere Schnecken und Muscheln öffnen und fressen. Dafür zwängen sie einen ihrer Stacheln zwischen die Muschelschalen, den sie dann als „Brecheisen“ benutzen. Die Stumpfe Stachelschnecke besitzt an ihrer Fußsohle sogar ein eigenes Bohrorgan, mit dem sie Löcher in Muschelschalen bohren kann und über diese Öffnung die Muschel aussaugt.

Zur Fortpflanzung im Frühjahr kommen viele Purpurschnecken zusammen, die in ein Gemeinschaftsgelege, das die Größe eines Fußballs erreichen kann, alle ihre Eier ablegen.

Purpur war in der Antike den Herrschern und Mächtigen vorbehalten. Der Dichter Aischylos lässt in seiner Tragödie Agamemnon bei der Rückkehr aus Troja über einen roten (purpurnen) Teppich gehen, der eigentlich den Göttern vorbehalten ist. Um jemanden besonders zu ehren, wird auch Jahrtausende später noch ein roter Teppich ausgerollt, heute aber chemisch gefärbt und nicht durch die Färbekraft der Purpurschnecke.

Die Qualle und das eine Prozent Unterschied

Sie bestehen zu 99 Prozent aus Wasser, doch das restliche eine Prozent hat sie zu den erfolgreichsten Tieren der Evolution gemacht. Wer kann sonst schon auf eine Geschichte von 670 Millionen Jahren verweisen.

Quallen zählen nicht nur zu den ältesten Tierarten der Erde, sondern sie kommen aufgrund ihrer Anpassungsfähigkeit und ihres Artenreichtums auch in allen Ozeanen und Meeren der Erde vor und sind sogar im Süßwasser zu finden.

Es gibt winzig kleine Quallen von nur knapp einem Millimeter Größe und bis zu mehrere Meter große Exemplare. Unter den mehr als 2 500 bekannten Arten gibt es völlig harmlose Individuen, aber auch eines der giftigsten Tiere der Erde, nämlich die australische Seewespe.

Quallen, auch „Medusen" genannt, werden zum Stamm der Nesseltiere gezählt. Allen gemeinsam ist, dass das eine Prozent Unterschied nur aus zwei ganz dünnen Zellschichten besteht. Dazwischen liegt eine gallertige Masse, die den Körper stützt und auch als Sauerstoffreservoir dient. In diese ist ein zentraler Magenhohlraum eingelagert. Eine Qualle fängt die Beute mit ihren Fangarmen, den Tentakeln. Darauf befinden sich Nesselzellen, die bei der kleinsten Berührung platzen und mit enormer Geschwindigkeit kleine Giftpfeile verschießen. Ist das Opfer dadurch gelähmt, wird es mit den Mundarmen zum Magen befördert und die Verdauung kann beginnen.

In Europa gibt es zwar nur eine einzige Süßwasserquallenart (*Craspedacusta sowerbii,* Abb.) Diese kommt aber in vielen, sich im Uferbereich stark erwärmenden, stehenden und fließenden Gewässern vor. Sie hat mit 99,3 Prozent den höchsten Wassergehalt aller Tiere auf der Welt. Die im Durchmesser nur etwa zwei Zentimeter große Qualle ist für den Menschen vollkommen ungefährlich und lebt in vielen Badeteichen und Seen völlig unbemerkt von den Schwimmern. Die Süßwasserqualle hat zwar auch Nesselzellen an ihren Tentakeln, macht damit jedoch nur Jagd auf Einzeller, Rädertierchen und Kleinkrebse.

Die kleine Qualle stammt mit großer Wahrscheinlichkeit aus dem Einzugsbereich des Jangtse-Flusses in China, doch findet man sie heute auf allen Kontinenten. In Europa wurde sie zum ersten Mal am 10. Juni 1880 in London festgestellt, vom

Botaniker William Sowerby, nach dem sie heute auch ihren Artnamen trägt. Ihm fiel sie im Botanischen Garten des Regent's Park in einem Becken für tropische Seerosen auf. Die Qualle reiste in ihrer Polypenform als blinder Passagier angeheftet an einer aus Asien importierten Teichpflanze mit.

Der Polyp ist das festsitzende Stadium der Qualle, der meist versteckt auf dem Grund des Teiches lebt und bei der Süßwasserqualle nur zwei Millimeter groß ist. Er vermehrt sich durch Knospung oder Querteilung und erzeugt so freischwimmende Medusen. Diese entwickeln sich aber erst ab einer Wassertemperatur von 25 Grad Celsius. Da dies bei unserem Klima nicht jedes Jahr gegeben ist, können die Polypen schon Jahre in einem Gewässer gelebt haben, bevor es in einem heißen Monat ganz plötzlich zu einem massiven Auftreten der Quallen kommt.

Der Quastenflosser und der Blick zurück

Die größte Besonderheit dieser Tierart ist es, dass es sie überhaupt noch gibt. Man kannte die Quastenflosser lange Zeit nur von Versteinerungen und sie galten als schon seit der Kreidezeit ausgestorben. Doch über Jahrmillionen hinweg überlebte diese Art unbemerkt in den Tiefen der Ozeane.

Marjorie Courtenay-Latimer, die Leiterin des Meeresmuseums der südafrikanischen Stadt East London, muss völlig ungläubig gestaunt haben, als sie im Jahr 1938 am Hafen einen eineinhalb Meter langen und rund 50 Kilogramm schweren Fisch entdeckte, den es eigentlich gar nicht mehr geben sollte.

Der Fund des Quastenflossers war nicht nur damals eine Sensation, sondern wird auch heute noch als eine der größten zoologischen Entdeckungen des 20. Jahrhunderts angesehen. Zu Ehren seiner Entdeckerin erhielt der Fisch den Gattungsnamen *Latimeria* und den Artnamen *chalumnae* nach dem südafrikanischen Fluss Chalumna, an dessen Mündung der erste Quastenflosser gefangen wurde.

Knapp sechs Jahrzehnte später führte wieder der Zufall Regie, als sich ein amerikanischer Meeresökologe in Indonesien auf Hochzeitsreise befand und seine Frau auf einem Fischmarkt einen Quastenflosser entdeckte. Damit war der Nachweis eines zweiten Vorkommens und einer zweiten Art in den indonesischen Gewässern erbracht.

Auch wenn es in der jüngeren Vergangenheit Unterwasserexpeditionen gegeben hat, um diese Tierart in ihrer natürlichen Umgebung zu beobachten, so ist doch das Wissen darüber beschränkt und es sind viele Fragen offen.

Sicher ist, dass es sich um nachtaktive Fischjäger handelt, die sich untertags in Höhlen von felsigen Hängen verstecken. Quastenflosser können knapp zwei Meter lang und annähernd 100 Kilogramm schwer werden. Sie leben in etwa 200 Metern Meerestiefe oder sogar noch weiter unten, wenn das Wasser eine konstante Temperatur von fünfzehn bis zwanzig Grad Celsius aufweist.

Gesichert ist auch, dass sich der Körperbau des Quastenflossers in den Jahrmillionen praktisch nicht verändert hat. Er ist ein lebendes Fossil. Die Schwanzflosse ist immer dreigeteilt. Der mittlere Abschnitt ragt wie eine Quaste heraus, was zu seinem deutschen Namen geführt hat. Die jeweils zwei Bauch- und Brustflossen des Quastenflossers ähneln in ihrem Knochenaufbau den Vorder- und Hinterfüßen von Landwirbeltieren. Er bewegt sie beim Schwimmen auch gleich wie auf dem Land gehende Amphibien oder Reptilien. Der Quastenflosser gestattet uns so einen Blick zurück, wie die Entwicklung der Extremitäten vor sich gegangen ist, die für die Eroberung der Landmasse Voraussetzung war.

Der Quastenflosser ist einer der prominentesten Vertreter des Lazarus-Effektes, der Wiederauffindung einer Tierart, die bereits als ausgestorben galt. Während der biblische Lazarus bereits nach vier Tagen durch Jesus Christus wiedererweckt wurde, sind beim Quastenflosser rund 70 Millionen Jahre von den letzten versteinerten Nachweisen bis zur Wiederentdeckung vergangen. Die endgültige Bestimmung des ersten Quastenflossers führte der südafrikanische Zoologieprofessor James Smith durch. Er brachte die Einzigartigkeit des Fundes auf den Punkt: „Ich wäre kaum erstaunter gewesen, wenn mir auf der Straße ein Dinosaurier begegnet wäre“.

Der Rabe und der schlechte Leumund

Unterschiedlicher könnte die Einschätzung ihres Charakters nicht sein. Raben galten einerseits als gottgleiche Wesen und andererseits als Begleiter der Hexen und des Teufels. Ihnen wurden und werden sogar noch heute verwerfliche Eigenschaften nachgesagt, was sich in zahlreichen Sprichwörtern und Vergleichen ausdrückt.

Wenn alles schiefgegangen ist, so sprechen wir von einem „rabenschwarzen Tag", womit immer noch der Ruf des Raben als Unglücksbote gefestigt wird. Diese Zuschreibung begründet sich zum Teil in der Beobachtung von für viele Menschen unerklärlichen Fähigkeiten der Raben und Krähen und ihren bewundernswerten geistigen Leistungen. Krähen benutzen zielgerichtet Werkzeuge, sie können abstrakt denken, nach Plan handeln und erreichen damit in vielen Bereichen ein Niveau, das mit Menschenaffen vergleichbar ist. Sie zählen zu den intelligentesten Tieren überhaupt.

So werfen sie zum Beispiel Nüsse auf die Straße, wo vorbeifahrende Autos diese überfahren und aufknacken, damit sie leicht an den schmackhaften Inhalt kommen.

Die Klugheit dieser Tiere war schon in alter Zeit bekannt. So beschreibt bereits im 6. vorchristlichen Jahrhundert der griechische Dichter Äsop in seiner Fabel „Die Krähe und der Wasserkrug", wie der durstige Vogel Steine in einen Krug wirft, um den Wasserstand zu erhöhen, damit er daraus trinken kann. Die moderne Wissenschaft hat in Versuchen diese Erzählung mit auf der Wasseroberfläche schwimmenden Leckerbissen nachgestellt. Für die Vögel war aber diese Aufgabe kein besonderes Problem und sie haben mit Leichtigkeit die Leistung ihrer Vorfahren vor zweieinhalbtausend Jahren bestätigt.

Alle Raben und Krähen gehören zur Familie der Rabenvögel *(Corvidae)* und unterscheiden sich nur in der Körpergröße, wobei die größeren Arten „Raben" und die kleineren Arten „Krähen" genannt werden. Die häufigste Art in unseren Breiten ist die rein schwarze Rabenkrähe. Die mit ihr eng verwandte Nebelkrähe trägt ein schwarz-graues Gefieder. Der größte europäische Rabenvogel ist der eher seltene Kolkrabe (*Corvus Corax,* Abb.) mit 60 bis 70 Zentimetern Körperlänge. Zu dieser Vogelfamilie zählen ebenfalls die Dohlen, Elstern und Eichelhäher.

Raben und Krähen sind sehr gesellige Tiere und ein Vorbild an Treue, weil sie mit ihrem Partner ein Leben lang zusammenbleiben.

Ganz im krassen Gegensatz zum Begriff „Rabeneltern" kümmern sich Raben äußerst fürsorglich und sehr lange um ihren Nachwuchs.

Große Bedeutung hatten die Raben in der nordischen Mythologie. Sie waren die ständigen Begleiter des höchsten Gottes Odin oder Wotan, des Gottes der Weisheit und des Krieges. Seine beiden Raben Hugin und Munin flogen täglich um die Welt und hielten Ausschau, um dann dem Gott auf seinen Schultern sitzend zu berichten.

Im Mittelalter bekamen die Raben und Krähen einen schlechten Ruf, da sie als Aasfresser keinen Unterschied zwischen den Leichen von Menschen und Tieren machten. Die vielen gefallenen Soldaten auf den Schlachtfeldern wurden von ihnen genauso als willkommene Nahrung genutzt wie die Gehenkten, die zur Abschreckung am Galgen blieben, was den Raben die geflügelte Bezeichnung „Galgenvogel" eingetragen hat.

Das Rentier und die dunkle Nase

Tausendfach erklingt jährlich zur Weihnachtszeit das Lied vom Rentier „Rudolph" mit seiner leuchtend roten Nase. Diese hat zwar in der Realität tatsächlich fantastische Eigenschaften, aber rot ist sie nicht.

Rentiere bevölkern große Teile des nördlichen Eurasiens und Nordamerikas sowie Grönland und andere arktische Inseln. Um dem arktischen Winter zu entgehen, bilden sie große, Zehntausende Tiere umfassende Herden und wandern jedes Jahr mehrere Tausend Kilometer. Dies ist die längste regelmäßige Wanderung von Landsäugern weltweit.

Das Rentier ist durch viele außergewöhnliche Fähigkeiten an das Leben in der Kälte und einer extremen Umgebung angepasst.

Um nicht im Schnee oder im sumpfigen Gelände einzusinken, sind die Hufe der Rentiere breit und durch eine Spannhaut weit spreizbar. Zusammen mit den langen Afterklauen ermöglicht ihnen dies einen sicheren Tritt auf jedem Untergrund. Sie kommen außerdem mit der wenigen pflanzlichen Kost aus, die sie in ihrem kargen Lebensraum finden können. Im Sommer sind es Gräser und im Winter Flechten, Moose, Laub und Baumrinde.

Als einzige Hirschart trägt beim Rentier auch das Weibchen ein Geweih. Männliche Tiere werfen ihr Geweih im Herbst ab, weibliche Tiere erst im Frühjahr. Nach einer Tragezeit von etwa 230 Tagen bringt das Weibchen im Mai oder Juni ein einzelnes Junges zur Welt. Rentierkälber lernen bereits in den ersten 90 Minuten ihres Lebens Laufen und sind sofort in der Lage, mit der Herde Schritt zu halten.

Während der vielen Wochen der dauernden Dunkelheit im arktischen Winter verläuft der Lebensrhythmus der Rentiere nicht mehr nach einer regelmäßigen Tag-Nacht-Folge. Dieser normale Mechanismus wird ausgeschaltet und Schlafen und Fressen werden beliebig über 24 Stunden verteilt.

Das extrem dichte Fell besteht aus Haaren, die innen hohl sind und so durch diese vielen Luftpolster den Rentierkörper noch besser isolieren. Durch den Klimawandel bedingte höhere Temperaturen vertragen sie nur ganz schlecht.

Rentiere haben eine besonders gut durchblutete Nase. Dadurch und mit der besonderen Muschelstruktur in ihrem Inneren können sie die eisige Einatmungsluft um 70 bis 80 Grad Celsius erwärmen, bevor sie in die Lungen gelangt. Umgekehrt kühlen sie beim Ausatmen die Luft enorm ab, damit möglichst wenig Körperwärme verloren geht.

Das Ren oder Rentier *(Rangifer tarandus)* ist die einzige Art aus der Familie der Hirsche, die domestiziert wurde. Bereits vor Jahrtausenden haben die nördlichen Urvölker die Milch, das Fell und das Fleisch ihrer Rentiere genutzt. Die nordamerikanischen Rentiere werden als „Karibu" bezeichnet, ein aus einer indianischen Sprache stammendes Wort.

Während bei uns Rentiere durch das Lied mit der roten Nase nur einmal im Jahr auftauchen, sind sie für die indigenen Völker des Nordens eine zentrale Grundlage ihres Überlebens und ihrer Geschichte. Beim Volk der Nenzen in Sibirien heißt es: „Das Rentier ist unsere Nahrung, unsere Wärme und unser Transportmittel."

Die Saiga und das verheerende Stäbchen

Ihre Heimat sind die Steppen und Halbwüsten Kasachstans, Russlands und der Mongolei. Die zu den Antilopen gehörenden Saigas leben schon seit Urzeiten in diesen Gebieten und haben eine zentrale Bedeutung für die Erhaltung dieses Lebensraums.

Saigas halten in der Steppe das Gras kurz, düngen mit ihrem Kot den Boden und verbreiten damit auch gleichmäßig Pflanzensamen. Ohne die großen grasenden Herden der Saigas würden auch viele anderen Tierarten keinen passenden Lebensraum mehr vorfinden. So brauchen etwa Greifvögel niedriges Gras, um ihre Beute erspähen zu können. Auch das Fortkommen der verschiedenen Arten von Flughühnern ist direkt davon abhängig. Ohne Saigas würde sich das Ökosystem Steppe gravierend ändern.

Das markanteste und sofort sichtbare Merkmal der Saigas *(Saiga tatarica)* ist die weit über das Maul ragende rüsselartige Nase, die das Überleben der Tiere bei den extremen klimatischen Verhältnissen in der Steppe und Temperaturveränderungen von 30 Grad Celsius im Sommer und minus 30 Grad Celsius im Winter sichert. In der Nase wachsen unzählige Haare, die den feinen Staub des Steppenbodens aufhalten. Dieses dichte Netz aus Nasenhaaren und Schleimdrüsen wirkt wie ein Staubfilter, der gleichzeitig auch die trockene Luft befeuchtet. Die Nase fungiert als Wärmetauscher der Saigas, mit der im Winter die eisige Atemluft im stark gewundenen Inneren der Nase auf eine angenehme Temperatur vorgewärmt wird, bevor diese in die Lunge strömt. Im Sommer kühlt die stark durchblutete Nasenschleimhaut die heiße Einatemluft einige Grade herunter, damit es zu keiner Überhitzung kommt. Die Rüsselnase hat auch in der Brunftzeit eine wesentliche Funktion. Sie schwillt stark an, vergrößert damit den Resonanzkörper und verstärkt die Werbelaute der Männchen, die damit ihre Kraft demonstrieren.

Einst zogen die Saigas zu Hunderttausenden durch die Steppe. Durch die menschlich bedingte Verkleinerung ihres Lebensraums und durch eine rücksichtslose Bejagung der Tiere kam es aber zu einem massiven Rückgang der Bestände.

Männliche Saigas werden immer noch gewildert, da ihr zermahlenes Horn in der Traditionellen Chinesischen Medizin (TCM) Verwendung findet und dafür Höchstpreise bezahlt werden. Das Horn der Saigas besteht aber wie alle Hörner, Klauen, Hufe, Krallen, Haare, Federn und Nägel aus Keratin und hat dieselbe medizinische Wirkung wie das Kauen an den eigenen Fingernägeln.

Ein verheerender Einbruch der Population in Kasachstan erfolgte im Jahr 2015 durch ein vorerst rätselhaftes Massensterben, bei dem bis zu 200 000 Saigas, vielfach frisch geborenen Kälber, in nur etwa drei Wochen verendeten. Wenige Stunden nach Beginn der Krankheit verstarben sie an inneren Blutungen und Organversagen. Auslöser war, wie später klar wurde, eine Infektion mit dem Keim *Pasteurella multocida.* Dieses Stäbchenbakterium gehört bei Säugetieren und Vögeln zur normalen Bakterienflora der Schleimhäute des Atmungs- und Verdauungstraktes. Eine besondere Klimakonstellation mit ungewöhnlich hoher Luftfeuchtigkeit und überdurchschnittlich hohen Temperaturen in Kasachstan schuf ideale Bedingungen für die seuchenhafte Vermehrung dieses sonst harmlosen Bakteriums. Es wird lange dauern, bis sich die Bestände wieder erholt haben.

Der Schreipiha und das Konzert im Dschungel

Auch wenn man noch nie im Dschungel war, so hat man doch seinen markanten Schrei schon oft gehört. In fast allen Beiträgen und Dokumentationen über den Regenwald wird seine Stimme als akustischer Hintergrund verwendet, geradezu als Stimme des Dschungels.

Der Schreipiha (*Lipaugus vociferans,* Abb.) lebt in den tropischen Regenwäldern Südamerikas. Obwohl er zur Familie der Schmuckvögel gehört, sind die männlichen genau wie die weiblichen Tiere dieser Art zur Gänze eintönig grau gefärbt. Sein Äußeres ist wenig auffallend, aber seine Stimme hat es in sich. Bei der Balz treffen sich mehrere Männchen, um mit ihren Rufen die Weibchen zu betören – und dies mit einer solch enormen Lautstärke, dass ihre Schreie kilometerweit im Dschungel zu hören sind. Sie erreichen bis zu 116 Dezibel und übertreffen mit Leichtigkeit jeden Presslufthammer.

Bis vor wenigen Jahren galt der Schreipiha als der Vogel mit der lautesten Stimme. Beim Einlappenkotinga *(Procnias albus)* wurde aber eine noch höhere Dezibelzahl gemessen. Er ist damit der lauteste Schreier in der Vogelwelt. Er erreicht stolze 125 Dezibel, was einem startenden Düsenjet in etwa 100 Metern Entfernung entspricht.

Der Einlappenkotinga oder auch Zapfenglockenvogel gehört wie der Schreipiha zur großen Familie der Schmuckvögel und lebt ebenfalls im brasilianischen Regenwald. Markant ist der an der oberen Schnabelwurzel entspringende, mehrere Zentimeter lange Lappen oder Zapfen, der dem Vogel seinen Namen gab. Dieser Vogel ähnelt in Farbe und Größe einer weißen Taube. Doch wenn er ein Weibchen umwirbt, dann gurrt er nicht einfühlsam wie ein Täuberich, sondern er schreit mit einer Lautstärke, die einen Rekord in der Vogelwelt darstellt.

Diese Lautstärke wird durch eine besonders starke Brustmuskulatur und einen ausgeprägten Syrinx ermöglicht, also einen Stimmkopf an der Gabelung der Luftröhre in die beiden Bronchien. Rätselhaft ist, wie sich die Weibchen diesen ohrenbetäubenden Lärm aus wenigen Metern Entfernung ohne Gehörschäden anhören können.

Im Dschungel gibt es ein weiteres Tier, das in dieses laute Konzert mit einstimmt. Die Brüllaffen *(Alouatta)* bringen es auch auf immerhin etwa 100 Dezibel. Sie sind

eine Primatengattung, die in etwa zehn Arten die unterschiedlichen Waldtypen in Mittel- und Südamerika besiedelt. Brüllaffen sind optimal an das Leben in den Kronen der Baumriesen angepasst, weil ihre Arme und Beine fast gleich lang sind und sie mit ihrem Greifschwanz gleichsam eine fünfte Hand besitzen. Dieser ist am Ende der Unterseite sogar unbehaart, damit immer ein fester Halt möglich ist.

Ihr enormes Stimmvolumen verdanken die Brüllaffen einer anatomischen Besonderheit. Sie besitzen ein stark vergrößertes Zungenbein und eine Kehlkopftasche, also eine Ausstülpung der inneren Schleimhaut des Kehlkopfs. Das Gebrüll dient einerseits der Kommunikation im dichten Regenwald, andererseits der Revierabgrenzung und ist bis zu rekordverdächtige 15 Kilometer weit zu hören.

In der Natur geht es aber nicht um Rekorde – das ist ein menschlicher Maßstab –, sondern um perfekte Strategien, sich zu vermehren, den eigenen Genen und somit auch der eigenen Art das Überleben zu sichern.

Der Schwan und das königliche Eigentum

Es ist ein imposanter Anblick, wenn diese weißen Riesenvögel über die Wasseroberfläche gleiten. Schwäne gehören zu den schwersten Wasservögeln und bei ihnen ist die Natur an die Grenze von Flugfähigkeit und dafür noch mögliches Gewicht gegangen.

Der Höckerschwan (*Cygnus olor,* Abb.) erreicht bis zu 14 Kilogramm Körpergewicht und eine Spannweite von bis zu 2,4 Metern. Für den Start und die Landung seines massigen Körpers auf der Wasseroberfläche braucht es eine besondere Technik. Zuerst muss er sich beim Wegfliegen mithilfe seiner großen platten Füße aus dem Wasser stemmen. Erst so kann er ungehindert mit seinen riesigen Flügeln schlagen, auf dem Wasser laufen und weiter beschleunigen. Bei einer Geschwindigkeit von 25 Stundenkilometern strömt dann die Luft so schnell über die Flügel und wird der Auftrieb so groß, dass er sich in die Lüfte erheben kann. Bei der Landung werden die Füße mit den Schwimmhäuten zum Abbremsen wie Wasserskier benutzt. Insbesondere für den Start, aber auch für den Flug selbst benötigt der Schwan viel Kraft, und daher ist er zwar ein eleganter, aber kein ausdauernder Flieger.

Neben dem in unseren Breiten ganzjährig vorkommenden Höckerschwan, der durch den namengebenden Höcker auf dem Schnabel leicht zu erkennen ist, gibt

es noch als Wintergast den Singschwan, dessen Brutgebiete in Osteuropa und in der Taiga liegen. Das Federkleid des Körpers aller Schwanenarten ist reinweiß, bis auf den Trauerschwan oder Schwarzschwan, der bei uns praktisch nur in Gehegen vorkommt. Sein natürliches Verbreitungsgebiet ist Australien, wobei er im riesigen Bundesstaat Western Australia aufgrund seiner identitätsstiftenden Bedeutung sogar in Flagge und Wappen abgebildet ist.

Im antiken Europa hielt man einen schwarzen Schwan für völlig unmöglich, sodass der römische Dichter Juvenal am Beginn des 2. nachchristlichen Jahrhunderts in seinen Satiren (VI, 161) dieses Gleichnis sogar für ein völlig ausgeschlossenes Ereignis verwendete und dieses Bild geradezu sprichwörtlich wurde. Erst nachdem 1697 in Australien tatsächlich schwarze Schwäne entdeckt worden waren, veränderte sich die Bedeutung der Metapher, nämlich zur Beschreibung eines zwar sehr unwahrscheinlichen, aber doch möglichen Ereignisses, und findet heute sogar in der Börsensprache Verwendung.

Von alters her genoss der Schwan immer ein besonderes, herrschaftliches Ansehen. In Großbritannien hat der Höckerschwan seit Ende des 12. Jahrhunderts königlichen Status und die Krone verfügt über das Eigentumsrecht an allen Schwänen, die in offenen Gewässern schwimmen. Die Schwäne wurden damals als Delikatesse für die Bankette benötigt. Heute werden die Schwäne zwar nicht mehr gegessen, doch das königliche Vorrecht besteht immer noch. Seit das britische Parlament im Jahr 1482 den „Act of Swans" verabschiedet hat, ist auch die Aufgabe des königlichen „Swan Marker" festgelegt, der jeden Juli vom Boot aus eine Zählung der Schwäne auf der Themse vorzunehmen hat, wobei auch der Gesundheitszustand der Tiere kontrolliert wird. Dieses sogenannte „Swan Upping" hat sich von einem zeremoniellen Ereignis zu einem wichtigen Element des Artenschutzes gewandelt.

Der Seidenschwanz und die unregelmäßige Invasion

Oft sieht man in unseren Breiten viele Jahre nicht ein einziges Exemplar und auf einmal treten sie in Massen auf, um dann aber wieder fast vollständig zu verschwinden.

Im Mittelalter und auch noch in der beginnenden Neuzeit verbreitete das plötzliche Auftauchen großer Schwärme von Seidenschwänzen Angst und Schrecken, weil diese damals unerklärliche Erscheinung als böses Omen und üble Vorankündigung für bevorstehende Seuchen oder Kriege angesehen wurde. Darum bezeichnete man zu dieser Zeit den Seidenschwanz auch als „Pestvogel" oder als „Kriegsvogel". Damit war er aber nicht alleine, da in der damaligen Vorstellungswelt auch Krähen, Raben und der Schwarzspecht wegen ihres scheinbar unheimlichen schwarzen Federkleides und vor allem der Waldkauz aufgrund seines Rufes mit Tod und Verderben in Zusammenhang gebracht wurden.

Der Seidenschwanz *(Bombycilla garrulus)* ist ein Singvogel, der etwa die Größe eines Stars erreicht. Sehr typisch sind seine spitz nach hinten verlaufenden Kopffedern, die an eine Haube erinnern. Einmalig sind auch die glänzend roten Flecken an den Flügeln, die aussehen, als ob sie mit Siegellack aufgebracht worden wären. Diesen roten Punkten verdanken die Seidenschwänze auch ihre englische Bezeichnung „Waxwing", also Wachsflügel.

Der Seidenschwanz hat gern Gesellschaft und lebt in größeren Gruppen zusammen. Seine Heimat ist die Taiga, also der nördliche Nadelwaldgürtel in Europa, Asien und Nordamerika, wobei sein Verbreitungsgebiet Richtung Norden dem Ende des geschlossenen Waldes entspricht. In den ausgedehnten Wäldern findet er optimale Bedingungen für seine Brut, die von Mai bis Juli dauert und für die sich jedes Jahr neue Partner zusammenfinden.

In der Brutzeit besteht ihre Nahrung hauptsächlich aus Insekten, sonst aber ernähren sich die Seidenschwänze fast nur von Beeren. Die weitaus wichtigste Frucht ist dabei die der Eberesche (Vogelbeere). Sie nutzen aber auch alle anderen Beeren, wie etwa die des Wacholders, des Schneeballs, des Weißdorns oder des Hollers. Tragen die Vogelbeeren reichlich Früchte, so verbringen die Seidenschwänze den ganzen Winter in ihrem Brutgebiet oder ziehen nur ein wenig nach Süden. Sind die

Erträge in ihrer angestammten Region aber schlecht, so weichen sie so weit nach Süden oder Westen aus, bis sie fruchtreiche Vogelbeerbestände und somit ausreichend Nahrung finden.

Der Mangel an Beeren in Kombination mit einem vergangenen guten Brutsommer, daher einer zahlreichen Nachkommenschaft und somit hohen Populationsdichte führt dazu, dass große Schwärme ihr Brutgebiet verlassen und in günstigere, oft weit entfernte Gebiete zum Überwintern abwandern. Dies führt dann in manchen Gegenden Mitteleuropas zu einem invasionsartigen Auftreten des Seidenschwanzes. Für einen sogenannten Invasionsvogel ist es typisch, dass sich diese unregelmäßigen Abwanderungen aus dem Brutgebiet nicht vorhersagen lassen.

Berichte über sein plötzliches, massives Auftreten finden sich über viele Jahrhunderte aus allen Gegenden Europas. Niemals waren sie aber ein schlechtes Vorzeichen für den Menschen, sondern immer nur die Auswirkung von schlechten Lebensbedingungen für den Seidenschwanz selbst.

Der Sekretär und der Tritt des Todes

Kopf und Schnabel erinnern an einen Adler, der Körper und die langen Beine aber eher an einen Kranich. Aufgrund dieser beiden Ähnlichkeiten wurde der Sekretär früher auch als „Kranichgeier" bezeichnet.

Sekretäre *(Sagittarius serpentarius)* gehören zwar zu den Raubvögeln, unterscheiden sich aber in Körperbau und Lebensweise gänzlich von ihren europäischen Verwandten. Ihre Heimat sind die Savannenlandschaften Afrikas südlich der Sahara. Andere Greifvögel bewegen sich vorwiegend in der Luft, die Sekretäre hingegen sind meist am Boden zu sehen. Mit ihren etwa 1,20 Meter Körperhöhe schreiten sie durch das niedrige Gras und suchen ausschließlich am Boden nach ihren Beutetieren.

Auf diese Weise legen sie jeden Tag viele Kilometer zurück. Größtenteils führen sie mit ihrem lebenslangen Partner ein Nomadenleben, da sich durch Trockenheit und Futterangebot ihre Lebensbedingungen oft ändern. Bei guten Voraussetzungen bleiben sie aber auch länger an einem Ort.

Der Sekretär ist kein ausdauernder Flieger. Er braucht dazu immer eine gute Thermik. Der bevorzugte Lebensraum des Sekretärs sind offene Savannen mit kurzen Gräsern und vereinzelten Schirmakazien. Diese dienen als Schlafbaum und als Nistplatz. Höheres Gras und Buschwerk meidet er, da ihm dort die Übersicht fehlt und sich nähernde Gefahren zu spät zu erkennen sind.

Der seltsam anmutende deutsche Name „Sekretär" geht vermutlich auf sein Erscheinungsbild zurück, das an die Kleidung eines Bürodieners von früher erinnert, die oft schwarze Hosen, eine weiße Weste und einen Gehrock trugen. Auch wirken die schwarzen Schmuckfedern am Hinterkopf des Sekretärs wie hinter das Ohr gesteckte Gänsekielfedern. Die Benennung wurde von den niederländischstämmigen Buren eingeführt, die den Vogel bereits um 1750 als *secretaris* bezeichneten.

Die Artbezeichnung *serpentarius* leitet sich vom lateinischen Wort für Schlange *serpens* ab und beschreibt damit die Fähigkeit des Sekretärs, Schlangen erbeuten zu können. Aber nicht nur diese stehen auf seinem Speiseplan, sondern auch Insekten, Eidechsen, kleine Säuger sowie andere Vögel und deren Brut zählen zu seiner Beute.

Die Jagdtechnik der Sekretäre ist einzigartig im Tierreich: Sie treten die Beutetiere zu Tode. Ihre langen Beine enden in kurzen, aber kräftigen Zehen mit ebenfalls kurzen, herabgebogenen Krallen. Damit können die Sekretäre im Gegensatz zu den anderen Greifvögeln die Beutetiere nicht ergreifen, sondern nur erschlagen. Die tödlichen Fußtritte erfolgen mit einer enormen Kraft und unglaublichen Geschwindigkeit. 15 Millisekunden, nur etwa ein Zehntel der Dauer eines menschlichen Lidschlages, dauert der Kontakt mit dem Beutetier. Dadurch gelingt es, auch hochgiftige Schlagen wie Puffottern und Kobras zu erbeuten, für die der gezielte Tritt gegen den Kopf tödlich ist.

Sowohl Südafrika als auch der Sudan haben ein Abbild dieses markanten Vogels als zentrales Element für ihre Staatswappen gewählt. In beiden Wahrzeichen ist der Sekretär mit ausgebreiteten Schwingen dargestellt, wohl um den Schutz für diese Nationen zu symbolisieren.

Das Silberfischchen und die zuckersüße Literatur

Kaum geht das Licht an, verschwinden sie in die Dunkelheit der kleinsten Ritzen. Sie lieben Wärme und Feuchtigkeit und daher sind das Badezimmer und die Küche ideale Wohnorte, wenn nur nicht die grellen Lampen wären. Denn Licht mögen sie gar nicht.

Das Silberfischchen gehört zu einer Ordnung der Insekten, die weltweit über 400 verschiedene wärmeliebende Arten umfasst. Den deutschen Namen Silberfischchen hat es durch seine metallisch glänzende Oberfläche bekommen, die durch die Bedeckung mit silbrigen Schuppen hervorgerufen wird. Silberfischchen haben zwei vordere Tastfühler und am Hinterleib noch drei Schwänze, die ebenfalls berührungsempfindliche Sinnesorgane sind. Bis ein Silberfischchen erwachsen ist, benötigt es etwa ein Jahr. Da es aber danach immer noch weiterwächst, macht es bis zu vier Häutungen pro Jahr durch. Es kann ein Alter bis zu fünf Jahren erreichen.

Silberfischchen fressen alles, was Stärke und Zucker enthält, wie etwa mehl- und zuckerhaltige Lebensmittel, Kleister, Hautschuppen, tote Insekten oder auch den Leim auf Tapeten. Auf diese Vorliebe weist auch der wissenschaftliche Name hin, nämlich *Lepisma saccharina,* vom altgriechischen Wort für Zucker. Falls es doch einmal nichts zu fressen gibt, sind Silberfischchen sehr genügsam und können bis zu zehn Monate ohne Nahrung auskommen. Silberfischchen sind Beutetiere des Gemeinen Ohrwurms, und auch Spinnen machen auf sie Jagd.

Das Silberfischchen hat eine sehr seltene Fähigkeit, die sonst nur manche Bakterien und Pilze besitzen. Sie können durch körpereigene Enzyme direkt Zellulose, den Hauptbestandteil pflanzlicher Zellwände, verdauen und sind nicht auf Hilfe angewiesen. Alle anderen Pflanzenfresser, seien es das große Rind oder das kleine Kaninchen, brauchen Bakterien in ihrem Magen-Darm-Trakt, die Zellulose in ihre einzelnen Bestandteile zerlegen und so für das Tier überhaupt erst verwertbar machen.

Diese Fähigkeit macht Silberfischchen zum Feind von Bibliothekaren, weil sie auch Papier verdauen und sich davon ernähren können. Literatur, die dem Silberfischchen besonders gefällt, sind Bücher, die einen versehrten Einband haben und feucht gelagert sind. Der Leim, mit dem die Seiten gebunden sind, und das feuchte Papier locken sie an. Sie fressen dabei an der Oberfläche des Papiers und knabbern meist um die Druckerschwärze herum.

Silberfischchen mögen zwar lästig sein, Schädlinge sind sie aber mit Sicherheit nicht. Sie übertragen keine Krankheiten und sind auch kein hygienisches Risiko. Einzeln im Bad oder in der Küche auftretende Silberfischchen sind völlig harmlos. Kommen sie in großen Massen vor, dann zeigen sie ein Feuchtigkeitsproblem und Schimmelbefall in diesen Räumen an und dienen als Warnsignal. Da sie sich von diesen Pilzen ernähren, mildern sie sogar den Schimmelbefall. Sie machen sich auch dadurch nützlich, dass sie Hausstaubmilben fressen, die beim Menschen Allergien auslösen können.

Das Lebensmodell der Silberfischchen ist sehr erfolgreich, da sie schon seit etwa 300 Millionen Jahren die Erde bevölkern und somit zu den ältesten Tieren gehören.

Der Spatz und die geballte Schwarmintelligenz

Sie sind eindeutige Nutznießer der Ausbreitung des Menschen in fast alle Weltgegenden. Der Spatz benutzte sogar die menschlichen Verkehrsmittel, um neue Gebiete für sich zu erschließen.

Ursprünglich stammten die Spatzen oder Sperlinge *(Passer domesticus)* aus dem nördlichen Afrika und dem Nahen Osten und dürften sich bereits vor über 10 000 Jahren als Kulturfolger dem Menschen angeschlossen haben. Mit den menschlichen Wanderbewegungen sind die Spatzen nach Europa gekommen und von hier schließlich weiter auf alle Kontinente gelangt.

So brachten 1850 englische Auswanderer die Spatzen mit nach Nordamerika. Es wurde sogar die „Vereinigung zur Förderung der Haussperlinge" gegründet, um ihre Ausbreitung zu fördern. Sie fanden sich aber auch ohne diese Unterstützung sehr gut zurecht und besiedelten innerhalb weniger Jahre die gesamte Ostküste der Vereinigten Staaten. Weiter ging die Reise entlang der Bahnstrecken Richtung Westen, wobei sie als Transportmittel die mit Getreide beladenen Güterzüge benutzten. Auch die Westküste des gesamten amerikanischen Kontinents ist inzwischen zu einer Heimat der Spatzen geworden.

1863 erfolgte ebenfalls mit Siedlern die Einwanderung der Spatzen nach Australien und einige Jahre später nach Neuseeland.

Richtung Osten folgten die Spatzen den Eisenbahnlinien und so überwanden sie mithilfe des Baus der Transsibirischen Eisenbahn von 1891 bis 1916 die etwa 9 000 Kilometer bis zur asiatischen Ostküste.

Der Spatz hat im Lauf der Zeit erkannt, dass ihm die Nähe zum Menschen Nahrung und Brutmöglichkeiten bietet. Vor allem die Haltung von Hühnern im Freien bot auch den Spatzen immer reichlich Futter. Die vielen Spalten und Nischen in alten Häuser waren perfekte Brutplätze. Neue und sanierte Gebäude haben aber meist keine Hohlräume mehr, daher muss man im urbanen Bereich Ersatzwohnungen durch Nistkästen schaffen. Und vielleicht verhelfen die vielen neuen Hobbyhalter von Hühnern unbewusst auch dem Spatzen zu einer Renaissance.

Spatzen sind kluge Geschöpfe, die durch das Schimpfwort vom „Spatzenhirn" geschmäht werden. Die Gehirne der Vögel sind zwar kleiner als von vergleichbar großen Säugetieren, doch haben sie eine effizientere Gehirnarchitektur, die es ihnen ermöglicht, eine größere Dichte an Neuronen unterzubringen. Für ihre Flugfähigkeit benötigen Vögel einen möglichst leichten Körperbau und daher wurde im Lauf der Evolution eine gewichtssparende, aber geballte Neuronenstruktur im Gehirn entwickelt, die einem Säugetiergehirn in der Leistungsfähigkeit um nichts nachsteht.

Spatzen sind äußerst gesellige Tiere, die in kleinen Gruppen leben und auch alles gemeinsam machen. Sie suchen miteinander Futter, haben ihre Nistplätze möglichst nahe beisammen und füttern sogar fremde Junge weiter, falls diese ihre Eltern verloren haben. Sie nehmen Sand- oder Wasserbäder in der Gruppe und verbringen die Nacht gemeinsam in geschützten Hecken oder Hausbegrünungen. Im Schwarm können sie sich besser vor Gefahren schützen, weil sie diese früher erkennen.

In dieses kooperative Verhalten fließen die unterschiedlichen Erfahrungen und Fähigkeiten der einzelnen Spatzen ein, sodass sie als Schwarm Probleme effizienter lösen können und somit Vorbild für das Phänomen der Schwarmintelligenz sind.

Der Specht und die fehlenden Kopfschmerzen

Einen Aufprall mit dem 1200-fachen der Erdbeschleunigung unversehrt zu überstehen ist ein Wunder. Doch diesen Aufprall gleich 12 000-mal am Tag ohne dauerhafte Gehirnschäden auszuhalten ist beim Specht das erstaunliche Ergebnis von mehreren sehr effektiven Dämpfungssystemen.

Mit unglaublicher Ausdauer und Kraft klopfen Spechte mit ihren Schnäbeln in die Rinde von Bäumen. Bis zu 20-mal pro Sekunde. Jeder Schlag, der mit etwa 25 Kilometern pro Stunde geführt wird, dauert nur 50 Millisekunden. Der Kopf des Spechtes wird dabei jedes Mal mit 1200-g-Kräften abgebremst. Andere Tiere und auch der Mensch erleiden schon bei einem Bruchteil dieser Aufprallenergie schwere Gehirnerschütterungen.

Der Specht ist eigentlich ein lebender Stoßdämpfer. Das Gehirn der Spechte ist von praktisch keiner Gehirnflüssigkeit umgeben. Es füllt die Schädelhöhle zur Gänze aus und hat keinen Bewegungsspielraum. Damit kann es bei den Schlägen auch nicht gegen die Schädeldecke gestoßen und somit erschüttert werden. Das Gehirn liegt auch nicht gleich hinter dem Schnabel, sondern etwas oberhalb, sodass es nicht direkt von den Stößen getroffen wird. Äußerst kräftige Muskeln umschließen den Schädel, die ebenfalls dämpfend wirken. Außerdem spannt der Specht, vergleichbar einem Boxer, die Muskeln kurz vor dem Schlag an, sodass sehr viel Energie aufgenommen wird.

Einen ganz wesentlichen Anteil an der Stoßdämpfung hat auch, dass der harte Schnabel direkt in das stark ausgebildete Zungenbein übergeht. Dieses teilt sich und umfasst links und rechts den Schädel jeweils in einem knöchernen Bogen, ähnlich einem Sicherheitsgurt. Dadurch verteilen sich die Kräfte über den gesamten Schädelknochen. Und dies nach jedem Schlag auch zeitlich versetzt im Abstand von Millisekunden, zuerst am Schnabel, dann am Schädelknochen und zuletzt am Zungenbein.

Nur eine Millisekunde vor dem Auftreffen der Schnabelspitze auf das Holz verschließen die Spechte mit einer dicken Nickhaut die Augen. Dies hat einen doppelten Zweck. Einerseits, um das Auge vor herumfliegenden Holzspänen zu schützen,

und andererseits, um zu verhindern, dass die Augen durch den wuchtigen Aufprall aus den Augenhöhlen gedrückt werden.

Durch das Zusammenwirken der einzelnen Sicherheitssysteme wird bis auf einen winzigen Bruchteil die gesamte Energie eines jeden Schnabelhiebes absorbiert, die sonst auf das Gehirn wirken würde. Daher braucht sich der Specht auch keine Sorgen über Kopfschmerzen zu machen.

Spechte gibt es in etwa 200 Arten überall auf der Welt, vorausgesetzt es sind genügend Bäume vorhanden. Die in Mitteleuropa mit Abstand häufigste Art ist der Buntspecht (*Picoides major,* Abb.), gefolgt von Schwarzspecht und Grünspecht.

So beliebt das klopfende Geräusch der Spechte in den Wäldern ist, so verhasst ist es bei Hausbesitzern, wenn das Hämmern von der Arbeit an der Wärmedämmung stammt. Für den Specht klingt es aber gleich hohl wie morsches Holz unter einer Baumrinde. Und daher versucht er auch dort, an Nahrung zu gelangen oder gar eine Schlaf- oder Nisthöhle herauszuhacken.

Der Star und der exakte Mindestabstand

Ihre Schwarmbildung ist ein einzigartiges Naturschauspiel, das es bei keiner anderen Vogelart in dieser Form gibt.

Der Star *(Sturnus vulgaris)* lebt am liebsten im Schwarm. Nur in der Brutzeit trennen sich die Vögel zu Paaren auf, doch schon kurz danach kann man wieder die ersten Gruppen beobachten. Je näher der Herbst und die Zeit des Abfluges in die Winterquartiere rückt, desto größer werden die Schwärme. Diese Geselligkeit hat für die Stare einen großen Vorteil. Die Schwarmbildung schützt sie vor Greifvögeln, da es für diese wesentlich schwerer ist, im Schwarm einen einzelnen Star zu fixieren. Schließlich sind es Tausende Tiere, die sich sammeln und gemeinsam am Abend an ihren Schlafplätzen in große Baumgruppen einfallen. Davor kann man die Schwärme am Himmel sehen, wie sie sich geradezu wie Wolken im Wind bewegen.

Es sieht fast so aus, als ob der Schwarm ein eigener Organismus, ein einziger Körper wäre, so koordiniert sind die Bewegungen. Mit hoher Geschwindigkeit und immer ohne einen einzigen Zusammenstoß vollbringt der Schwarm oft abrupte Richtungswechsel, teilt sich, um sich sofort wieder zu vereinigen. Man könnte glauben, dass es dafür einen besonderen Leitvogel benötigt. Doch einen solchen gibt es nicht. Im Schwarm sind alle Stare gleichberechtigt und können diesen in gleicher Weise beeinflussen. Jeder einzelne Star orientiert sich innerhalb des Schwarms an wenigen Vögeln in seiner direkten Umgebung und hält im Flug zu diesen immer die gleiche Position und einen exakten Mindestabstand ein. So entstehen die synchronen und sich im Schwarm ausbreitenden wellenförmigen Bewegungen.

Die Reaktionsgeschwindigkeit verläuft von Vogel zu Vogel in nur 15 Millisekunden. Jeder Star beobachtet aber ganz genau auch weiter entfernte Schwarmmitglieder, damit er die Veränderungen der Flugrichtung schon früh erkennt, vergleichbar den Zuschauern in einem Fußballstadion, die auch die herannahende La-Ola-Welle sehen und sich so in die Gesamtbewegung gezielt einordnen können.

Die Vögel halten im Schwarm über kurze Rufe Kontakt zu den benachbarten Staren. Vor der Landung bei Nahrungsquellen oder den Schlafplätzen steigern sich ihre Rufe zu einem ohrenbetäubenden Schwirren.

Die meisten Stare Mitteleuropas ziehen im Winter in den Mittelmeerraum sowie in das atlantische Westeuropa. Einer der größten Schwärme überwintert in der

Stadt Rom mit geschätzt einer Million Vögeln. Es empfiehlt sich, unter ihren Schlafbäumen kein Auto zu parken, da es sonst am nächsten Morgen durch den Vogelkot die Farbe gewechselt hat.

Stare sind Meister in der Imitation von anderen Vogelstimmen und Umgebungsgeräuschen. Drei Jahre hatte Wolfgang Amadeus Mozart einen Star als Haustier. Der gelehrige Vogel namens „Stahrl" konnte bald ein Thema des 3. Satzes aus dem Klavierkonzert in G-Dur (KV 453) nachpfeifen. Als der zutrauliche Vogel starb, trauerte das musikalische Genie sehr und widmete ihm sogar ein eigenes Trauergedicht: „Hier ruht ein lieber Narr/ Ein Vogel Staar/ Noch in den besten Jahren/ Mußt' er erfahren/ Des Todes bittern Schmerz".

Der Steinbock und die wandelnde Apotheke

Mit nur mehr einem kleinen Rest von etwa 50 Exemplaren stand er ganz knapp vor der Ausrottung. Einst war der Steinbock überall in den Alpen heimisch. Durch rücksichtslose Bejagung blieb von den vielen Tausend Tieren bis zur ersten Hälfte des 19. Jahrhunderts nur diese winzige Anzahl im Gebiet des Gran Paradiso im italienischen Aostatal erhalten.

Der italienische König Viktor Emmanuel II erklärte 1856 das Gebiet rund um den Gran Paradiso zu seinem persönlichen Jagdrevier. Die Steinböcke ließ er von 150 gut bezahlten Wildhütern schützen, wodurch sich der Bestand bald festigte und in kurzer Zeit wieder stark vergrößerte. Um das Jahr 1900 gab es schon wieder etwa 1 000 Tiere. Dem König von Italien war es vorbehalten, dort mit dem europäischen Hochadel auf Steinbockjagd zu gehen. Es gab Angebote aus den anderen Ländern zum Kauf von Steinböcken, um sie in den verschiedenen Regionen der Alpen wieder anzusiedeln. Doch verkaufen wollten die italienischen Könige nicht, um die Exklusivität der Jagd zu wahren.

So wurde 1906 ein erfahrener Wilderer engagiert, um Steinkitze in die Schweiz, in den extra dafür angelegten Wildpark Peter und Paul in St. Gallen zu bringen. Dieser illegale Weg war sehr erfolgreich. Bereits 1911 konnten die ersten Steinböcke in die freie Wildbahn der Schweizer Berge entlassen werden. Heute leben im gesamten Alpenbogen in mehr als hundert Kolonien geschätzte 40 000 Steinböcke, und ihr Bestand ist somit gesichert. Erstaunlich, dass alle heute auf der Erde lebenden Steinböcke von diesem ganz kleinen Restbestand im Aostatal abstammen. Damit ist die Wiederansiedlung des Alpensteinbocks *(Capra ibex)* weltweit das gelungenste Projekt, eine große Säugetierart in ihrem ursprünglichen Lebensraum wieder heimisch zu machen.

Der Grund, warum dem Steinbock in den vergangenen Jahrhunderten so massiv nachgestellt wurde, war, weil man sich von ihm Heilung erhoffte. Praktisch alle Körperteile waren wertvoll und man sagte ihnen fast wundertätige Wirkung nach. Das Tier wurde als wandelnde Apotheke angesehen. Nicht nur die traditionelle Volksmedizin, sondern auch in der offiziellen Heilkunde fanden das Horn, die Knochen, das Blut und verschiedene Organe Anwendung.

So mussten etwa im Fürsterzbistum Salzburg seit dem 17. Jahrhundert alle erlegten Steinböcke und die Hörner verendeter Tiere zur medizinischen Verwertung in die Hofapotheke am Alten Markt abgeliefert werden, die sogar eine eigene Steinwildabteilung betrieb. Das dort hergestellte geschabte oder pulverisierte Steinbockhorn soll entgiftend und wundheilend gewirkt und auch bei Koliken und Schwindel Abhilfe geschaffen haben. Allein schon der Becher oder der Löffel aus Steinbockhorn, mit dem eine Arznei eingenommen wurde, soll deren Wirkung verstärkt und Vergiftungen verhindert haben.

Beim Steinwild kommt es immer wieder vor, dass Teile des Bindegewebes zwischen den Herzvorhöfen und den Herzkammern verknöchern und diese in ihrer Form an ein Kreuz erinnern. Als Amulett getragen sollten diese Herzkreuze vor jedem Unheil schützen und sogar unverwundbar machen.

So wäre die ihm angedichtete Heilwirkung dem Steinbock selbst beinahe zum absoluten Unheil geraten.

Der Steinfisch und die giftige Beständigkeit

Die meisten Tiere tragen ihre Waffen sichtbar, um ihre Wehrhaftigkeit zu demonstrieren. Ganz anders der Steinfisch. Er verlässt sich primär auf seine Tarnung, doch im Notfall holt er plötzlich seine versteckten, aber sehr effektiven Verteidigungswaffen hervor.

Steinfische *(Synanceiidae)* sind Meister der Tarnung. Sie verschmelzen geradezu mit ihrer Umgebung, sodass sie kaum von ihren Beutetieren und auch nur selten von menschlichen Tauchern wahrgenommen werden. Ihr Äußeres ähnelt einem Stück Fels und sie sind vom Untergrund fast nicht zu unterscheiden, da auch auf ihnen Algen oder wirbellose Tiere leben und sich damit die Körperkonturen des Steinfisches noch weiter auflösen. Steinfische leben im Indischen Ozean, an der ostafrikanischen Küste bis zum Roten Meer, in eher flachen Gewässern mit Geröll- und Sandböden oder auf Fels- und Korallenriffen, wo sie sich eine Grube suchen, in die ihr circa 40 Zentimeter großer Körper exakt hineinpasst.

Haben sie ein ideales Versteck gefunden, dann bleiben sie für lange Zeit dort liegen und warten auf Beute. Diese örtliche Beständigkeit kann Wochen oder auch noch länger dauern. Es wurde sogar von einem Steinfisch berichtet, der mehrere Jahre hintereinander bei Tauchgängen immer wieder am selben Platz beobachtet werden konnte.

Steinfische sind typische Lauerjäger, die nur darauf warten, dass ihnen eine passende Beute vor ihr riesiges Maul schwimmt, das sie dann blitzartig aufreißen und so das Opfer einsaugen. Dabei sind sie nicht wählerisch und verschlingen Fische genauso wie Krebstiere oder kleine Tintenfische.

Wird der Steinfisch von einem viel größeren Tier oder von einem Taucher trotz seiner perfekten Tarnung erkannt, so flieht er nicht und lässt sich auch nicht vertreiben, sondern bleibt gelassen liegen, weil er sich dann auf seine Giftwaffen verlässt. Ihm scheint bewusst zu sein, dass er zu den giftigsten Fischen überhaupt gehört.

An der Rückenflosse befinden sich 13 Stacheln, die der Steinfisch bei Gefahr aufstellt. Durch die beiden vorderen, hohlen Stachel wird bei einem Stich ein sehr wirksames Nervengift injiziert, das beim Menschen zu massiven Kreislaufproblemen, zu Lähmungen und zur Zerstörung des Gewebes bis hin zum Tod führen kann. Meist kommt es zu solchen Verletzungen dann, wenn jemand im flachen Wasser unab-

sichtlich auf einen Steinfisch tritt, wobei Strandschuhe für seine starken Stacheln kein Hindernis sind. Es reicht dabei eine Eindringtiefe des Stachels in die Sohle von nur wenigen Millimetern, um die lebensgefährliche Giftwirkung zu entfalten.

Neben ihren giftigen Rückenflossen besitzen Steinfische eine weitere und einzigartige Waffe, den sogenannten Tränensäbel. Es handelt sich dabei um einen klingenförmigen Knochen direkt unter ihrem Auge, der mit Bewegungen des Oberkiefers gesteuert und wie ein Springmesser aufgeklappt werden kann. Meist liegt er unsichtbar direkt am Kopf an, wird aber beim Auftreten einer Gefahr plötzlich abgespreizt und wie ein kleiner Säbel dem Angreifer entgegengestreckt.

Der Steinkauz und die antike Münze

Viele haben einen Steinkauz schon in den Händen gehalten, ohne ihn zu bemerken. Meist war es aber nur eine flüchtige, unbewusste Begegnung mit seinem leblosen Abbild.

In der freien Natur ist sein Vorkommen zum Teil dramatisch zurückgegangen. Der Steinkauz bevorzugt offenes, reich strukturiertes Gelände mit einem großen Angebot an Bruthöhlen, Tagesverstecken und Jagd-Ansitzen mit guter Übersicht. Hauptgrund für den Bestandsrückgang seit der Mitte des vorigen Jahrhunderts sind Veränderungen und Zerstörung seiner Lebensräume durch Ausräumung der Landschaft. Der deutsche Name „Steinkauz" ist Hinweis darauf, dass diese Eulenart nicht nur in Höhlen alter Bäume, sondern auch in alten Gemäuern aus Stein brütet. Da Altholzbestände selten sind und alte Mauern weggerissen oder saniert werden, mangelt es ihm trotz hoher Anpassungsfähigkeit oft an geeigneten Nistplätzen und Verstecken.

Steinkäuze sind ausgesprochene Standvögel, die ihr Revier auch bei strengen Wintern nicht verlassen. Hohe Schneelagen machen dieser kleinen Eule, die nur etwa die Größe einer Amsel hat, sehr zu schaffen, da ihre beliebtesten Beutetiere, die Feldmäuse, darunter gut geschützt sind und auch Käfer, Insekten oder Regenwürmer kaum zu finden sind.

Charakteristisch für den Steinkauz ist sein unter Eulen einzigartiger, wellenförmiger Flug, bei dem zwischen den einzelnen Flügelschlägen die Flügel angelegt werden.

Der Steinkauz hat ein sehr umfangreiches Repertoire an Lauten. Sein „kuwitt"-Ruf wurde als „Komm mit!" gedeutet, und daher galt er im Aberglauben als Todesbote. In früheren Zeiten waren die Häuser in der Nacht nicht so hell erleuchtet wie heute, sondern oft nur die Zimmer von kranken oder sterbenden Menschen. Das nach außen fallende Licht lockte viele Insekten an und diese wiederum jagende Steinkäuze. Das gellende und für die Menschen schaurige „kuwitt" direkt vor den Fenstern wurde so als Aufforderung empfunden, ins Jenseits zu folgen.

Der Lebensraum des Steinkauzes umfasst praktisch ganz Europa. Besonders häufig kam er aber im alten Griechenland vor. Damals galt er als Vogel der Weisheit und war das Symbol der Göttin Athene. Darauf weist auch der wissenschaftliche Name des Steinkauzes *Athene noctua* hin, was „nächtliche Athene" bedeutet.

Die wichtigste Münze im antiken Athen war die Tetradrachme aus Silber, deren Rückseite ein Steinkauz zierte. Aus diesem Grund wurden die Münzen auch kurz „Eulen" genannt und davon soll sich auch die Redewendung „Eulen nach Athen tragen" ableiten. Athen war damals nicht nur das geistige und kulturelle Zentrum der antiken Welt, sondern auch äußerst wohlhabend. Es war also nicht notwendig oder geradezu unsinnig, noch weitere Eulen, also jene Silbermünzen, in das reiche Athen zu bringen. Das moderne Griechenland hat diese antike Darstellung wieder aufgenommen und daher ist auf der Rückseite der griechischen 1-Euro-Münze wieder ein Steinkauz zu sehen. Hält man eine solche Münze in Händen, so hält man damit auch eine 2500-jährige Tradition und eine Mahnung in Händen, mit den Lebensräumen der Tiere sorgsamer umzugehen.

Der Strauß und die hartnäckige Überlieferung

Seit mehr als 2000 Jahren werden Berichte von Generation zu Generation weitergegeben, dass der Strauß bei einer drohenden Gefahr den Kopf in den Sand steckt, da er glaubt, so nicht gesehen zu werden. Täte er es wirklich, dann wäre diese Tierart schon längst ausgestorben, weil jeder Strauß mit dieser Verhaltensweise sofort ersticken würde.

Plinius der Ältere (23–79 n. Chr.) hat in seiner *Naturalis historia* diese vermeintliche Eigenschaft des Straußes festgehalten, die er wahrscheinlich von Überlieferungen aus Arabien übernommen hat. Bei seinem Werk handelte es sich um die umfassendste Sammlung des naturkundlichen Wissens der Antike in lateinischer Sprache und somit um das Standardwerk. Deswegen wurde auch die Geschichte über den Strauß ungeprüft weitergegeben und hat sich als Sprichwort festgesetzt.

Natürlich haben Strauße zum Fressen den Kopf oft dicht am Boden und beim Brüten legen sie sich flach mit ausgestrecktem Hals in die Nestmulde, um nicht gesehen zu werden. Kommt aber ein Raubtier gefährlich nahe, dann flieht der Strauß mit enormer Geschwindigkeit, auf kurzen Strecken mit bis zu 70 und dauerhaft mit durchschnittlich 50 Kilometer pro Stunde.

Mitten in der Flucht kann er aber plötzlich verschwinden und scheint vom Erdboden verschluckt. Der Strauß stoppt seinen Lauf, kauert sich in eine flache Grube und legt den langgestreckten Hals direkt auf die Erde. Wahrscheinlich hat dieses Verhaltensmuster zum Irrglauben des Kopfes im Sand geführt. Sollte der Räuber das Versteck trotzdem finden, setzt der Strauß zum nächsten Hochgeschwindigkeitssprint an.

Eine weitere Erklärung wäre auch, dass bei einer Beobachtung auf große Entfernung die heiße, flimmernde Luft den knapp am Boden befindlichen Kopf unsichtbar werden lässt.

Der Strauß ist der größte lebende Vogel, und er hat im Lauf der Evolution zugunsten seiner Entwicklung zur überragenden Größe und zu hohem Gewicht seine Flugfähigkeit aufgegeben. Straußenhähne werden bis 2,70 Meter groß und 150 Kilogramm schwer. Die Hennen erreichen eine Größe von bis 1,90 Meter und ein Gewicht bis 110 Kilogramm.

Durch seine Spezialisierung auf das Laufen hat sich beim Strauß als einzigem Vogel die Zehenzahl auf zwei reduziert. Die Hauptzehe endet in einer bis zu 10 Zentimeter langen Kralle, wodurch Strauße sehr wehrhaft sein können. Die Nebenzehe hat nur mehr Stützfunktion. Um das Gleichgewicht beim schnellen Lauf halten zu können, haben Strauße für flugunfähige Vögel vergleichsweise große Flügel. Trotzdem fehlt ihnen der Brustbeinkamm, an dem bei den anderen Vögeln die starke Flugmuskulatur ansetzt. Daher werden die afrikanischen Strauße gemeinsam mit den südamerikanischen Nandus und den australischen Emus und Kasuaren zu den Flachbrustvögeln gezählt.

Die zoologische Bezeichnung des Straußes *Struthio camelus* stammt aus dem Altgriechischen und bedeutet „Großer Kamelspatz". Wahrscheinlich wurde damit auf die Länge des Halses angespielt.

Würde man sich an die zoologischen Fakten halten, dann bekäme die Redensart von der „Vogel-Strauß-Politik" eine ganz andere Bedeutung. Sie wäre ein Zeichen von Besonnenheit und klarer Strategie.

Die Stubenfliege und die flüssige Ernährung

Überall, wo Menschen sind, gibt es sie auch. Stubenfliegen sind perfekte Kulturfolger, die sich die menschliche Ernährung, die Haustierhaltung und die enormen Abfallmengen zu Nutze machen.

Eine nach ihr schlagende menschliche Hand sieht die Stubenfliege *(Musca domestica)* immer, da sie einen 360-Grad-Rundblick hat und man sich ihr von keiner Seite unbemerkt nähern kann. Aus der Ferne sehen ihre Augen aus wie zwei kleine, rötlich gefärbte und kompakte Stecknadelköpfe. Die unbeweglichen kugelförmigen Facettenaugen setzen sich aus mehreren Tausend geometrisch angeordneten sechseckigen Einzelaugen zusammen, die das einfallende Licht jeweils aus einem leicht unterschiedlichen Blickwinkel einfangen und so zu einem hervorragenden räumlichen Sehen führen.

Die Verarbeitung der wahrgenommenen Bewegungen erfolgt im Fliegengehirn viel schneller als beim Menschen. Das menschliche Gehirn unterscheidet nur etwa 20 Einzelbilder pro Sekunde. Werden mehr Bilder gezeigt, so verfließen sie ineinander und ein Film entsteht. Eine Fliege würde sogar noch einen Kinofilm mit 100 und mehr Bildern pro Sekunde als Abfolge von Einzelbildern mit dunklen Pausen dazwischen wahrnehmen.

Aus Sicht der Fliege nähert sich die schlagende menschliche Hand wahrscheinlich vergleichbar einer Zeitlupe, sodass sie leicht vor der drohenden Gefahr entfliehen kann. Mit dieser Fähigkeit kann das rasch fliegende Insekt auch perfekt die Umgebung einschätzen und mit einer halben Rolle am Ende des Fluges sicher auf einer Zimmerdecke landen.

Dass die Fliege dort auch haften bleibt und sogar herumspazieren kann, liegt einerseits an Haftlappen am Ende aller sechs Beinchen und andererseits an einer klebrigen Substanz, die sie absondern. Diese unter anderem aus Fettsäuren, Wasser und Alkohol bestehende Emulsion wird in den Fliegenbeinen produziert und durch Öffnungen in den Haftlappen ausgeschieden, sodass ein Flüssigkeitsfilm mit Haftwirkung zwischen Fliegenfuß und glatter Oberfläche entsteht, der mit einem kleinen Saugnapf vergleichbar ist.

Meist landen sie aber auf einer für sie schmackhaften Nahrung, seien es Aas, Tierkot, Speisereste oder Lebensmittel. Da Fliegen ihre Geschmacksrezeptoren an den Füßen haben, laufen sie zum Schmecken meist zuerst auf der Speise herum. Um die Rezeptoren immer rein und aufnahmebereit zu halten, werden diese dauernd geputzt, indem die Fliege die Beinpaare aneinander reibt. Fliegen riechen vor allem Zucker, aber auch die auf Fäulnis hinweisende Buttersäure.

Da Fliegen keine Mundwerkzeuge besitzen, um feste Nahrung zu zerteilen, können sie sich nur flüssig ernähren. Feste Nahrungsbestandteile werden daher mit ihrem enzymreichen Speichel eingeweicht und verflüssigt. Es beginnt so die Verdauung schon außerhalb des Körpers, bevor die Flüssigkeit mit dem Saugrüssel aufgenommen wird.

Schmeißfliegen sind durch ihren guten Geruchssinn Meister im Aufspüren von toten Körpern. Sie riechen die allerersten Zersetzungsvorgänge und legen schon Minuten nach dem Tod ihre Eier auf einen Kadaver. Die daraus schlüpfenden Maden entwickeln sich nach einem so genauen Ablauf, dass sie in der Kriminalistik zur Feststellung des exakten Todeszeitpunkts verwendet werden.

Das Sumpfwallaby und die immerwährende Schwangerschaft

Alle Säugetiere benötigen zwischen den Schwangerschaften eine Pause, um die Jungtiere zu versorgen oder weil zu manchen Zeiten im Jahr zu wenige Ressourcen dafür vorhanden sind. Es ist immer der gleiche Fortpflanzungsablauf, nämlich Paarung, Befruchtung, Schwangerschaft, Geburt und Stillen. Es gibt nur zwei Ausnahmen, die diese Reihenfolge durchbrechen, das Australische Sumpfwallaby und der Europäische Feldhase.

Das Sumpfwallaby *(Wallabia bicolor)* ist ein Beuteltier aus der Familie der Kängurus. Es besitzt ein langes, zweifärbiges Fell, das am Kopf und Rücken rotbraun und am Bauch orange gefärbt ist. Das Sumpfwallaby hat eine Standhöhe von etwa 70 Zentimetern, erreicht ein Gewicht von 10 bis 20 Kilogramm und ist im gesamten östlichen Australien verbreitet. Es ist vorwiegend nachaktiv und ernährt sich von Pflanzen aller Art. Daher beschränkt sich der Lebensraum des Sumpfwallaby nicht, wie der Name vermuten lässt, auf Sümpfe und Mangrovenwälder, sondern es besiedelt auch offenes Grasland, Buschland, Baumsavannen und Plantagen.

Wie auch die anderen Kängurus hat das weibliche Sumpfwallaby zwei anatomisch vollkommen unabhängige Gebärmütter. Einzigartig bei dieser Spezies ist aber, dass bereits einige Tage vor der Geburt eines Fötus erneut eine Paarung und Befruchtung stattfindet. Das daraus entstandene Ei nistet sich in der zweiten Gebärmutter ein, wächst auf eine Größe von etwa 100 Zellen heran und verfällt dann in einen Ruhezustand. Damit ist das Sumpfwallaby zwar zeitlich versetzt, aber doppelt trächtig. Diese monatelange Phase des Entwicklungsstillstands des jüngeren Embryos tritt nach der Geburt des Jungen ein, wenn dieses Mich zu saugen beginnt.

Hört das Junge im Beutel zu trinken auf, beendet der Embryo seine Ruhephase, wächst weiter, und es beginnt erneut ein Kreislauf mit einer Paarung und neuen Trächtigkeit knapp vor der Geburt. Somit ist das Sumpfwallaby immerwährend schwanger.

Die Entwicklungszeit des Embryos nach der Ruhephase in der Gebärmutter ist sehr kurz und beträgt nur 30 bis 40 Tage. Nach der Geburt hat das noch winzige und unreife Jungtier die größte Hürde zu überwinden, da es ohne große Hilfe in den Bauchbeutel kriechen muss, um sich dort an einer der Zitzen festzusaugen. Reifungs- und Wachstumsschritte, die bei allen anderen Säugetieren noch in der Gebärmutter geschehen, erfolgen bei diesen Tieren im Beutel der Mutter. Dort bleibt es etwa ein halbes Jahr, bis es so weit entwickelt ist, dass es zum ersten Mal den Kopf herausstreckt und so das Licht der Welt außerhalb des Beutels erblickt.

Auch beim Europäischen Feldhasen kommt es immer wieder dazu, dass wenige Tage vor der Geburt eine Paarung erfolgt. Die dadurch befruchteten Eizellen verbleiben zuerst im Eileiter und nisten sich erst nach der Geburt des Wurfes in der Gebärmutter ein. Mit dieser Strategie können Feldhasen vier Mal in einer Paarungszeit einen bis vier Junghasen setzen. In den kalten Monaten gibt es bei Feldhasen aber keine Paarungszeiten, sodass sie im Gegensatz zum Sumpfwallaby nicht dauerhaft trächtig sind.

Die Termiten und die nord-südliche Ausrichtung

Beim Bau einer menschlichen Behausung wird genau auf die Ausrichtung des Gebäudes geachtet, um die Kraft der Sonne nutzen zu können und so möglichst wenig Energie für die Wärmeproduktion aufwenden zu müssen.

Dieses Wissen nutzen auch die Termiten, die Stararchitekten unter den tierischen Baumeistern, schon seit Jahrtausenden. So richten die Kompasstermiten *(Amitermes meridionalis)* ihre Bauten exakt in Nord-Süd-Richtung aus. Sie sind eine Termitenart, die nur im Norden Australiens vorkommt und täglich mit großen Temperaturschwankungen fertig werden muss. In der Nacht sinken die Temperaturen bis knapp über den Gefrierpunkt und am Tag erreichen sie Werte bis jenseits der 30 Grad Celsius. Ihre bis zu drei Meter hohen Burgen sind Richtung Osten und Westen zwar sehr breit, aber nach Süden nur ganz schmal. Diese brettartige Form fängt am Morgen nach der kalten Nacht die wärmenden, aus dem Osten kommenden Sonnenstrahlen zur Gänze ein. Die glühende Mittagssonne trifft das Termitennest auf der oben nur wenige Zentimeter breiten Schmalseite, wodurch eine Überhitzung im Inneren verhindert wird.

Sowohl die Grundfläche des Baus als auch die für den Verkehr innerhalb des Nestes notwendigen Gänge sind genau in der Nord-Süd-Achse angelegt. Die mit dem Innenausbau beschäftigten Termiten arbeiten in vollkommener Dunkelheit und orientieren sich bei der Anlage der Korridore am Magnetfeld der Erde, wie Störversuche mit starken Magneten direkt neben den Bauen gezeigt haben. In Kombination mit einer ausgeklügelten Belüftungstechnik sorgt diese östliche Ausrichtung für eine immer optimale Temperatur im Inneren der Burgen.

Termiten *(Isoptera)* kommen in den Tropen und Subtropen Amerikas, Afrikas und Asiens vor. Allen gemeinsam ist, dass sie riesige Gemeinschaften, Staaten mit Millionen von Tieren, bilden. Die etwa 2 000 Arten haben eine große Variation im Bau ihrer Nester entwickelt, so gibt es welche unter der Erde, in Baumstämmen oder auf Bäumen und je nach Gegend aus Erde, Lehm oder Sand. Am auffälligsten sind die Burgen der afrikanischen Riesentermiten, die mehrere Meter Höhe und einen Durchmesser von über 20 Meter erreichen können. Die Außenmauern sind wie bei einer Festung hart wie Beton und einen halben Meter dick.

Um Sauerstoff für alle Bewohner bis in den letzten Winkel ihres Nestes zu bringen und überall ein konstantes Raumklima mit einer Temperatur von um die 30 Grad Celsius zu schaffen, sind die Termitenbauten mit einem verzweigten Lüftungssystem ausgestattet. Kamine und Luftschächte führen unmittelbar unter den sogar mit Kühlrippen ausgestatteten Außenwänden von den „feuchten“ Kellergeschoßen bis ganz nach oben. Um die wechselnden Außenbedingungen auszugleichen, sind Termiten-Arbeiter dauernd damit beschäftigt, die Lüftungskanäle mit Baumaterial zu verschließen oder wieder zu öffnen.

Auch diese Arbeiter sind Spezialisten, da Termiten in einer arbeitsteiligen Gesellschaft leben. Es gibt Nestbauer, Brutpfleger, Nahrungsbeschaffer und Soldaten-Termiten, die mit ihren besonders großen und kräftigen Kiefern das Nest bewachen und gegen Angreifer, wie etwa Ameisen, verteidigen.

Das Thermometerhuhn und der sensible Komposthaufen

Fast alle Vögel brüten ihre Eier mit der eigenen Körperwärme aus und nur ganz wenige Arten benutzen dafür einen von ihnen selbst hergestellten Brutkasten. Leicht haben sie es damit trotzdem nicht, da es ein enormer Aufwand ist, einen solchen Brutapparat herzustellen und über Monate zu betreuen.

Das Thermometerhuhn *(Leipoa ocellata)* gehört zur Familie der Großfußhühner *(Megapodiidae)*, die aus insgesamt 22 Arten besteht und vor allem in Australien und Neuseeland vorkommt. Als Lebensraum bevorzugen fast alle Großfußhühner den Boden des tropischen Regenwaldes. Nur das Thermometerhuhn lebt in den von Gebüschen und Eukalyptus-Sträuchern geprägten, eher trockenen und sandigen Gebieten Südaustraliens, die als „Mallee" bezeichnet werden.

Allen Großfußhühnern gemeinsam ist ein unkonventionelles Brutverhalten, da sie Bruthügel errichten. Die Eier werden in feuchtes Laub eingegraben, mit Sand oder Erde bedeckt und durch die Wärme der Kompostierung ausgebrütet.

Schon Monate vor der Eiablage beginnen bei den Thermometerhühnern die beiden Partner mit dem Ausscharren einer einen Meter tiefen Grube, die schließlich einen Durchmesser von etwa drei Metern aufweist. Diese Vertiefung wird mit kleinen Zweigen und vor allem Blättern aufgefüllt, bis Regen einsetzt und das organische Material nass ist. Der Thermometerhahn bedeckt dann das Ganze mit großen Mengen Sand, bis schließlich ein etwa eineinhalb Meter hoher und bis zu vier Meter breiter Bruthügel entsteht. Von der Auswahl des Bauplatzes bis zur Fertigstellung des imposanten Bauwerks brauchen die Thermometerhühner rund vier Monate.

Wie in einem Komposthaufen beginnt das Laub in der Tiefe langsam zu verrotten und der Hügel wird von innen warm, bis er eine Temperatur von 33 Grad Celsius erreicht, die Idealtemperatur für das Ausbrüten der Eier. Die Henne gräbt in den Hügel oben ein Loch und legt bis zu 30 Eier hinein, die der Hahn sofort mit Sand zudeckt.

Während der gesamten Brutdauer achtet der Hahn Tag und Nacht darauf, dass die Hügeltemperatur konstant bei exakt 33 Grad Celsius bleibt. In seinem Schnabel sind äußerst sensible Rezeptorzellen vorhanden, mit denen er Wärmeunterschiede bis auf ein halbes Grad spüren kann. Unermüdlich steckt der Hahn seinen Schnabel in den Haufen, misst und gleicht Temperaturabweichungen sofort dadurch aus, dass er die isolierende Sandschicht des Hügels abträgt oder aufbaut und dass er Öffnungen zur Belüftung anlegt oder verschließt.

Die oft enormen Tagesschwankungen der Lufttemperatur, die sich dauernd ändernde Sonneneinstrahlung und die sich verringernde Wärmeproduktion im Inneren des Komposthaufens machen die Temperaturregulation äußerst komplex und erfordern vom Hahn über Wochen unzählige Schnabelmessungen, dauernde Arbeit und Aufmerksamkeit.

Nach etwa 60 Tagen schlüpfen die Küken und müssen sich selbstständig durch die dicke Blätterschicht an die Oberfläche des Bruthügels wühlen. Die jungen Thermometerhühner können sofort laufen und sind völlig eigenständig. Die Eltern kümmern sich nicht mehr um sie, sondern machen eine kurze Erholungspause, um wenige Wochen später mit dem Bau eines neuen Brutschranks zu beginnen.

Der Truthahn und das beinahe Wappentier

Etwa 46 Millionen Stück werden in den USA jedes Jahr zu Thanksgiving verzehrt. Damit ist an diesem jeweils vierten Donnerstag im November der Truthahn bei fast allen amerikanischen Familien der Mittelpunkt des großen und üppigen Festmahls.

Alle dabei servierten Puten stammen von dem in freier Wildbahn lebenden Truthuhn *(Meleagris gallopavo)* ab. Dieses kommt nur in Nordamerika vor und ist die größte Art aller Hühnervögel. Als Lebensraum bevorzugen Truthühner Wälder mit großen Lichtungen und mit guten Verstecken im dichten Unterholz. Schon für die indianische Urbevölkerung waren die Truthühner wichtige Fleischlieferanten und deren Federn wurden als Schmuck und für Pfeile verwendet. Damals kamen die wilden Truthühner in sehr großer Zahl vor und wurden auch intensiv genutzt. Trotzdem war diese Tierart auch schon viele Jahrhunderte domestiziert, bevor die ersten Europäer kamen.

Die völlig unkontrollierte Bejagung, großflächige Abholzungen und die Anlage von unzähligen landwirtschaftlichen Monokulturen führten dann fast zur Ausrottung der wilden Truthühner. Von den Dutzenden Millionen Tieren blieben nur wenige Zehntausend übrig. Durch Schutzmaßnahmen gibt es aber nun wieder eine stabile und ungefährdete Population.

Gonzalo Fernández de Oviedo berichtete 1521 während der spanischen Eroberung Mexikos erstmals über diese Tiere, die dann auch bald nach Europa gebracht wurden: „In Neu-Spanien gibt es große und sehr schmackhafte Pfauen. … Die Hennen sahen schlecht aus, die Hähne aber schön und schlagen oft ein Rad, obschon sie keinen so großen und schönen Schweif haben wie die Pfauen in Spanien. … Das Fleisch dieser Pfauen ist sehr gut und ohne Vergleich besser und zarter als das der spanischen Pfauen."

Die damaligen wilden Puter wogen maximal fünf Kilogramm. Heute haben die männlichen Hybridmasttiere ein Schlachtgewicht von etwa 21 Kilogramm, die weiblichen Tieren circa 10 Kilogramm. Die Mastdauer beträgt bei weiblichen Tieren lediglich 15 Wochen und bei männlichen 22 Wochen. Zuchtziel ist immer noch, einen überdimensional großen Brustmuskel zu erzeugen. Solche Züchtungen

führen bei intensiven Haltungsbedingungen zwangsläufig zu massiven Problemen mit der Gesundheit der Tiere und dem Tierschutz.

Alle offiziellen Embleme der Vereinigten Staaten beinhalten heute den Weißkopfseeadler. Aber nicht jeder war mit der Entscheidung für diesen Vogel als Wappentier einverstanden. Auch wenn er sich öffentlich niemals gegen den Weißkopfseeadler als nationales Symbol ausgesprochen hat, so schrieb Benjamin Franklin, einer der Gründerväter und Unterzeichner der Unabhängigkeitserklärung der Vereinigten Staaten, in einem mit 26. Jänner 1784 datierten Brief an seine Tochter Sarah Bache: „Für meinen Teil hätte ich gewünscht, dass der Adler nicht als Repräsentant unseres Landes ausgewählt worden wäre. Er ist ein Vogel mit schlechtem moralischen Charakter. … In Wahrheit ist der Truthahn im Vergleich ein viel respektablerer Vogel und zudem ein echt einheimisches Tier Amerikas."

Wahrscheinlich liegt aber viel Ironie in diesen Zeilen, die Benjamin Franklin schrieb, nachdem der Kongress zuvor mehrere Jahre auf die Auswahl eines staatlichen Wappentieres verwendet hatte.

Der Tukan und die gebogene Klimaanlage

Seine große Bekanntheit verdankt er seinem übergroßen Schnabel. Das auffallende Äußere diente vielfach als Vorlage für Zeichentrickfilme, Comics, Firmenzeichen und sogar für eine weltbekannte Werbung für Bier.

45 Arten umfasst die Familie der Tukane *(Ramphastidae)*. Das Verbreitungsgebiet dieser Vögel erstreckt sich fast über das gesamte tropische Mittel- und Südamerika, wobei die meisten Arten im Gebiet des Amazonas leben.

Aufgrund seiner Farbenpracht und seines großen Schnabels könnte man annehmen, dass der Tukan zu den Papageien gehört. Doch tatsächlich ist er ein Spechtvogel, und unsere europäischen Spechte sind seine nahen Verwandten. Mit ihnen gemeinsam hat er den Bau seiner Füße. Auch Tukane haben zwei nach vorne und zwei nach hinten gerichtete Zehen. Das macht sie zu ganz hervorragenden Kletterern. Sie hüpfen in den Baumkronen der Urwaldriesen von Ast zu Ast und finden immer Halt. Auch der Flug ist unseren Spechten ähnlich. Tukane fliegen wellenförmig. Mit einigen schnellen Flügelschlägen gewinnen sie Höhe, um dann wieder zu gleiten. Die Farbkomposition seines Federkleids ist so einmalig wie beim Menschen ein Fingerabdruck und dient daher auch als Erkennungsmerkmal unter den Artgenossen.

Was Tukane nicht wie unsere Spechte vermögen, ist, Löcher in einen Baumstamm zu schlagen. Dafür sind ihre hohlen Schnäbel überhaupt nicht geeignet. Sie nisten daher in natürlichen Höhlen großer und alter Bäume, deren Abholzung auch zur massiven Gefährdung der Tiere führt.

Tukane sind sehr treue Vögel, bleiben ein Leben lang zusammen und kümmern sich gemeinsam um die Aufzucht der bis zu vier Jungen. Die Tukane ernähren sich hauptsächlich von Früchten und Beeren aller Art, die sie mit der Spitze ihres Schnabels greifen, ergänzt durch Insekten und kleine Wirbeltiere.

Bis zu 20 Zentimeter ist der Schnabel eines Tukans lang. Das ist etwa ein Drittel der gesamten Körperlänge. Damit hat er den verhältnismäßig größten Schnabel aller Vögel. Massiv und schwer sieht dieser Schnabel aus, wiegt aber nur ganz wenig und macht nur fünf Prozent des gesamten Körpergewichts aus. Er ist in seinem Aufbau den Sandwich-Verbundwerkstoffen ähnlich, wie sie im Flugzeugbau verwendet werden. Außen befindet sich eine dünne Deckschicht aus ganz kleinen Hornplättchen und innen ein Gerüst aus Knochenfasern, das dem Schnabel eine extreme Stabilität verleiht. Seine hauptsächliche Funktion war lange nicht genau bekannt. Man vermutete, dass er vor allem zum Öffnen von Früchten diene, zur Verteidigung und Abschreckung eingesetzt würde oder für die Partnerwahl entscheidend sei.

Seine zentrale Aufgabe ist aber eine ganz andere: Über ihn reguliert der Tukan seine Körpertemperatur. Da Vögel keine Schweißdrüsen besitzen, verwenden sie andere Strategien, um ihren Körper zu kühlen und das Überhitzen bei hohen Temperaturen zu verhindern. Viele kleine Blutgefäße transportieren Wärme an die Oberfläche des gebogenen Schnabels, um die Körpertemperatur des Tukans zu senken. Der Schnabel wirkt also wie ein Kühlradiator einer sehr effizienten Klimaanlage.

Der Uhu und die königliche Stille

Seine Flügelspannweite von über eineinhalb Metern und seine Körpergröße von etwa einem Dreiviertelmeter machen ihn zur größten Eulenart weltweit.

Einen Uhu zu sehen oder ihn sogar im Flug beobachten zu können ist ein ganz außergewöhnlicher Glücksfall. Nicht nur weil er selten vorkommt, sondern weil sich der Uhu als vorwiegend nachtaktiver Jäger völlig geräuschlos durch die Dunkelheit bewegt.

Den lautlosen Flug haben der Uhu *(Bubo bubo)* und mit ihm die anderen Eulenarten zur Perfektion gebracht. Bei allen anderen Vögeln hört man oft schon von Weitem das charakteristische Geräusch des Flügelschlags. Der Flug des Uhus ist hingegen völlig still. Ein lautloser Flug hat zwei wesentliche Vorteile. Einerseits hören die Beutetiere die sich annähernde tödliche Gefahr nicht, und andererseits kann die Beute durch das fehlende Fluggeräusch genau geortet werden.

Uhus besitzen drei besondere Federarten, die diesen lautlosen Flug ermöglichen. Die Federn an der Vorderkante des Flügels sind wie ein steifer Kamm angeordnet und die unzähligen Federn an der Hinterseite wie flexible Fransen. Die Flügeloberseite ist mit sehr weichen und stark verzweigten Daunen dicht bedeckt, die insgesamt eine samtartige Oberfläche bilden. Diese drei Elemente ermöglichen in Kombination die beim Fliegen entstehenden Geräusche völlig zu schlucken, sogar im Ultraschallbereich.

Der Gesichtssinn und das Gehör des Uhus sind optimal an das Leben und die Jagd in der Dämmerung und in der Nacht angepasst. Seine Augen sind äußerst lichtempfindlich und so groß, dass sie etwa in Drittel des Kopfes einnehmen. Durch den breiten Schädel und den damit verbundenen großen Augenabstand ist das räumliche Sehen besonders gut ausgeprägt. Die fast unbeweglichen und immer starr nach vorn gerichteten Augen umfassen zwar ein Gesichtsfeld von nur 60 bis 70 Grad, doch dafür kann der Uhu seinen Kopf bis 270 Grad herumdrehen und damit ganz leicht hinter sich blicken. Ohne großen Aufwand kann er so sein ganzes Umfeld betrachten. Diese enorme Beweglichkeit verdankt er seinen 14 Halswirbeln. Das sind doppelt so viele, wie bei fast allen anderen Wirbeltieren. Dadurch kann er

auch im Flug bei jeder Änderung der Richtung den Kopf immer exakt auf die Beute fokussieren.

Bei extremer Dunkelheit kann sich der Uhu auch allein auf sein Gehör verlassen, um eine Beute zu orten. Wesentlich dafür ist der sogenannte „Schleier". Das sind die um die Augen angeordneten Federn, die wie ein Schalltrichter wirken und die Geräusche direkt zu den äußerlich nicht sichtbaren Ohröffnungen leiten. Der Kopf ist bei allen Eulen ein wenig asymmetrisch ausgebildet, sodass die Geräusche bei den Ohren unterschiedlich ankommen und so eine Ortung der Maus oder eines anderen Beutetieres auf den Zentimeter genau möglich ist. Keine andere Tierart beherrscht die Schallpeilung so perfekt.

Der Uhu überwindet die Dunkelheit problemlos und wird daher auch häufig „König der Nacht" genannt.

Der Vielfraß und die Sehnsucht nach Schnee

Bei ihm führte eine falsche Übersetzung zu einem falschen Namen, damit zu falschen angedichteten Eigenschaften und zu einem schlechten Leumund.

So liest man etwa in einem Naturkundebuch noch am Beginn des 19. Jahrhunderts, dass der Vielfraß ein „gewaltiges und fürchterliches Raubthier“ sei, das „von seiner Grausamkeit und Gefräßigkeit den Namen erhalten hat.“ Viele Schauergeschichten wurden über ihn erzählt, wie etwa, dass er „auch Menschenleichen aus der Erde scharrt und zeitweilig sich von diesen nährt“.

Vermutlich kommt sein Name aus einer alten skandinavischen Sprache. Er wurde in Schweden als „Felsenkatze“, als „Fjellfraß“, bezeichnet, woraus sich schließlich im Deutschen der ähnlich klingende Name „Vielfraß“ entwickelte. Diese ganz andere Bedeutung der überaus großen Gefräßigkeit wurde dann in andere Sprachen weitergegeben. Es gibt für ihn auch die weniger bekannte Bezeichnung „Bärenmarder“. Diese beschreibt diese Tierart hingegen sehr gut, denn der Vielfraß *(Gulo gulo)* sieht zwar eher aus wie ein kleiner Bär, gehört jedoch zur Familie der Marderartigen.

Er lebt in den kalten Gegenden der nördlichen Halbkugel, in Skandinavien, Sibirien, Alaska und im Norden Kanadas. An das Leben in Kälte und Schnee ist der Vielfraß perfekt angepasst. Durch seine äußerst breiten Fußsohlen sinkt er im Schnee nicht ein und läuft wie auf Schneeschuhen. Er kann sich damit im Winter schnell und lautlos fortbewegen und macht Jagd auf Mäuse, Eichhörnchen und Schneehasen. Durch seine hohe Beweglichkeit im tiefen Schnee wagt er sich auch an Tiere, die viel größer sind als er, wie junge Rentiere, Elchkälber oder geschwächte ausgewachsene Tiere, die bei ihrer Flucht durch die hohe Schneelage behindert sind.

Die großen Fußsohlen, die ihm im Winter das Überleben sichern, machen den Vielfraß im Sommer aber behäbig und auch laut. Er schafft es nicht, die Beutetiere des Winters anzugreifen, da sie auf den schneefreien Böden viel schneller sind als er und leicht fliehen können. Er muss sich mit Insektenlarven, Beeren, Vogeleiern, den Jungen bodenbrütender Vögel und vor allem auch Aas begnügen. Sofort nach Wintereinbruch und den ersten Schneefällen wird der Vielfraß wieder zum perfekten Jäger und kann sich von frischem Fleisch ernähren.

Vielfraße leben zumeist als Einzelgänger, wobei ihre Reviere bis zu 2 000 Quadratkilometer umfassen können. Die Grenzen werden mit dem Sekret ihrer Analdrüsen oder mit Urin markiert. Die größten Vielfraße werden bis zu einen Meter lang, dazu kommt noch der Schwanz mit rund 20 Zentimetern. Männliche Vielfraße wiegen über 30 Kilogramm, Weibchen sind mit 20 Kilogramm deutlich leichter.

Der Vielfraß wurde Opfer der Projektion menschlicher Charakterzüge und Verhaltensmuster auf das Tier. Dieses Schicksal hat er mit vielen anderen Tierarten gemein. Vielfach wurde und wird auch heute noch vom Menschen aufgrund dieser erfundenen, meist furchtbaren Eigenschaften das Recht abgeleitet, Tiere erbarmungslos zu verfolgen und sogar auszurotten.

Die Wasserspinne und die wohnliche Taucherglocke

Etwa 46 000 Spinnenarten sind derzeit auf der Welt bekannt, doch nur eine einzige Art lebt dauerhaft unter Wasser. Die Wasserspinne besitzt aber keine Kiemen und sie benötigt zum Überleben Sauerstoff aus der Luft.

Spinnen erscheinen auf den ersten Blick sehr ähnlich zu sein, doch es gibt eine unglaubliche Vielfalt bei deren Größe und Gestalt, ihrer Färbung und auch ihrem Verhalten. Den Spinnen ist es gelungen, fast alle Lebensräume zu besiedeln und sich dabei perfekt anzupassen. Sogar auf weit vom Festland entfernten Inseln sind sie zu finden. Daher sind auch die allermeisten Arten Endemiten, kommen also nur in einem räumlich begrenzten Gebiet vor.

Die Wasserspinne *(Argyroneta aquatica)* ist von Europa bis in den asiatischen Raum verbreitet. Im Gegensatz zu den meisten Spinnenarten werden die Männchen der Wasserspinne mit zehn bis 15 Millimetern größer als die Weibchen, die nur acht bis neun Millimeter erreichen. Die Wasserspinne besiedelt stehende oder sehr langsam fließende Gewässer, die dicht bewachsen und vor allem sauber und klar sind.

Sie baut sich ihre eigene Welt unter Wasser. Unter einem ganz feinen und engmaschigen Netz, das zwischen Wasserpflanzen gespannt ist, hat sie ihre mit Luft gefüllte Taucherglocke. Das Netz ist durch einen Wegfaden mit der Wasseroberfläche verbunden. Diesen benutzt sie als Orientierung für den Lufttransport.

An der Wasseroberfläche hebt die Spinne nicht nur ihren Hinterleib, sondern auch die beiden Hinterbeine aus dem Wasser. Durch das ruckartige Abtauchen bleibt eine Luftblase zwischen dem Leib und den Beinen hängen, die zum Festhalten der Blase mit speziellen Haaren ausgestattet sind.

Am Wegfaden hangelt sich die Spinne unter Wasser bis zum Netz und gibt die Luftblase dort wieder ab. Nach jedem Tauchgang wölbt sich das Netz durch die transportierte Luft wie eine Glocke, sodass eine Wohnhöhle entsteht. Trotz des sehr sparsamen Stoffwechsels der Spinne entsteht aber doch Stickstoff, der aus der Luftblase in das Wasser diffundiert. Damit wird die Taucherglocke wieder kleiner und die Wasserspinne muss für ihre Behausung wieder Luft von der Oberfläche holen. Es reicht aber, wenn sie einmal am Tag einen solchen Lufttransport durchführt. Schließlich spannt sie noch vom Netz aus Warnfäden im Wasser, die sie darüber in-

formieren, wenn Beutetiere vorbeischwimmen. Berühren Wasserinsekten, Larven oder auch kleine Krebse und Fische einen dieser Fäden, stürzt die Spinne aus ihrer Behausung und packt diese mit ihren Giftklauen, injiziert Gift und bringt die Beute in die Taucherglocke. Mithilfe von Verdauungssekreten wird das Opfer zersetzt, verflüssigt und schließlich von der Spinne ausgesaugt.

Eine besondere Glocke wird für die Brut gewebt. Im oberen Teil dieser hohen Taucherglocke bringt die Mutterspinne den Kokon mit den Eiern an und die Jungspinnen leben ihre gesamte Entwicklungszeit in dieser Luftblase.

In ihrer Wohnhöhle verbringt die Wasserspinne auch die kalten Monate in einer Winterstarre.

Die Weinbergschnecke und die linke Majestät

Jeremy begann seine Laufbahn auf einem Komposthaufen in London. Dann entfaltete sich eine steile universitäre Karriere, bei der für ihn in den sozialen Medien sogar eine Partnerbörse eingerichtet wurde, die ihn zur bekanntesten Weinbergschnecke aller Zeiten machte.

Jeremy war ein „Schneckenkönig". Die Schneckenhäuser fast aller Weinbergschnecken haben nach rechts und somit im Uhrzeigersinn gedrehte Windungen. Nur bei geschätzt jeder 20 000sten Schnecke hat das Schneckenhaus eine Linkswindung. Damit wird eine gewöhnliche Schnecke zum Schneckenkönig.

Forscher der Universität von Nottingham arbeiteten an Fragen der Organsymmetrie im Körper und wollten daher herausfinden, ob die Linkswindung der Schnecke genetisch bedingt ist. Bei Schneckenkönigen sind aber auch die Organe spiegelverkehrt, sodass sie sich nur mit ihresgleichen paaren können, was aufgrund des extrem geringen Vorkommens höchst unwahrscheinlich ist. Weinbergschnecken mit nach rechts gedrehten Häusern scheiden als Partner aus. Um bei der öffentlichen Suche nach königlichen Partnern erfolgreicher zu sein, bekam die Schnecke von den Forschern den Namen „Jeremy". Als unfreiwilliger Pate fungierte der damalige Parteivorsitzende der britischen Labour Party, also der politischen Linken, Jeremy Corbyn, der aber als begeisterter Gärtner sicher auch eine persönliche Beziehung zu Schnecken hatte.

Die Partnersuche war schließlich erfolgreich und gemeinsam mit einer königlich links gewundenen Weinbergschnecke aus Spanien gab es Nachwuchs. Alle Jungen hatten aber nach rechts gewundene Häuser. Diese Abnormität ist somit keine genetische Variation, sondern eine Fehlentwicklung in der Embryonalzeit.

Jeremy verstarb 2017 und seine Verdienste für die Wissenschaft wurden sogar in Nachrufen in mehreren äußerst renommierten Medien gewürdigt.

Die Forscher hätten ihm problemlos einen weiblichen Vornamen geben können, weil Weinbergschnecken *(Helix pomatia)* so wie alle anderen Landlungenschnecken Hermaphroditen, also Zwitter mit weiblichen und männlichen Geschlechtsorganen sind.

Kommt es von März bis Juni zur Paarung, richten sich zwei Schnecken auf, sodass ihre Kriechsohlen zueinander zeigen. Dann wird eine etwa ein Zentimeter lange Kalknadel, die ein stimulierendes Sekret enthält, in den Fuß des jeweils anderen Tieres gestoßen. Schließlich erfolgt die gegenseitige Übertragung eines Samenpakets, wodurch es dann zur Befruchtung der Eier der anderen Schnecke kommt. Einige Tage später gräbt die Weinbergschnecke ein Erdloch und legt dort 40 bis 60 weiße Eier ab.

Die daraus nach etwa einem Monat schlüpfenden kleinen Schnecken sind zwar vollkommen ausgebildet, doch sind ihre Häuser noch fast durchsichtig und ganz weich. Erst durch die Aufnahme und Einlagerung von Kalk härten sie aus.

Daher brauchen Weinbergschnecken auch einen Lebensraum, in dem sie Kalk aufnehmen können. Diesen benötigen sie unbedingt für den Erhalt ihres Hauses und auch zur Bildung des sogenannten Epiphragmas, eines dicken Kalkdeckels, mit dem zu Beginn der winterlichen Kältestarre das Haus verschlossen wird.

Kalkhaltige Böden bevorzugen auch Weinstöcke und so ist durch das häufige Vorkommen in den Weingärten auch ihr Name „Weinbergschnecke" entstanden.

Der Wellensittich und das unmögliche Rot

Wenn sie in freier Wildbahn von Nahrungsplatz zu Nahrungsplatz ziehen, machen sie das in riesigen Schwärmen mit Tausenden Tieren. Alle diese wildlebenden Wellensittiche sind ausschließlich grüngelblich. Jene, die bei uns in menschlicher Obhut gehalten werden, sind hingegen sehr unterschiedlich und bunt gefärbt.

Die Heimat der freilebenden Wellensittiche ist Australien, wo sie praktisch den gesamten Kontinent besiedeln. Die ersten Berichte und Beschreibungen über deren Vorkommen gab es in Europa erst um das Jahr 1800, und nur ganz wenige Bälge fanden in den darauffolgenden Jahrzehnten den Weg in die Museen. Erst 1840 brachte der englische Naturforscher John Gould die ersten lebenden Exemplare von Australien nach Europa.

Ihm verdankt der Wellensittich auch seine heute gültige wissenschaftliche Bezeichnung *Melopsittacus undulatus,* was übersetzt „gewellter Singpapagei" bedeutet. Damit spielte John Gould auf das wellenförmige schwarze Muster im Gefieder an, was wiederum zur deutschen Bezeichnung „Wellensittich" führte.

Bald waren die neuen Vögel in Europa sehr beliebt und wurden in ungeheurer Stückzahl importiert. Ein großer Teil der Vögel verendete aber entweder noch auf dem langen Schiffstransport oder bald bei ihren neuen Besitzern durch völlig falsche Haltung und Fütterung. Diese massiven Entnahmen aus der freien Wildbahn verringerten die Anzahl der Wellensittiche in deren Heimat so dramatisch, dass 1894 die australische Regierung zum Schutz des Restbestandes ein Ausfuhrverbot erließt, das auch heute noch gilt.

Auch die Zucht setzte nach dem ersten Auftauchen in Europa ein. Um 1864 soll es bereits die ersten gelben und auch weißen Wellensittiche gegeben haben. 1881 wurden die ersten blauen Exemplare bekannt. Trotz der heute existierenden vielen verschiedenen Farbvarianten gibt es bei den Wellensittichen grundsätzlich nur zwei Farbreihen, nämlich grün und blau. Aus der Kombination dieser beiden Reihen und den jeweils drei verschiedenen Farbstufen hell, mittel und dunkel mit den Zwischenstufen ergibt sich die bunte Vielfalt dieser kleinen Papageienart. Alle wildlebenden Tiere gehören aber der Grünreihe an.

Viele Generationen haben versucht, auch einen rot gefärbten Wellensittich zu züchten. Dies wird aber nie gelingen. Die Rotfärbung verschiedener anderer Papageien entsteht durch Psittacin, einen Farbstoff, der nur bei den Papageienartigen vorkommt. Wellensittiche haben aber ausschließlich gelbes Psittacin. Ihnen fehlen die roten Farbpigmente, sodass sie unmöglich rot werden können. Auch sind die Wellensittiche mit keiner anderen Art so nahe verwandt, dass sich die rote Farbe einkreuzen ließe. Eine Färbung über die Fütterung mit Karotin wie bei den Flamingos ist auch nicht möglich, da dieser Farbstoff nicht in den Federn eingelagert wird. Bei Fotos von roten Wellensittichen wurde also mit Sicherheit durch ein gutes Computerprogramm farblich etwas „nachgeholfen".

Leider werden auch heute noch die gleichen Haltungsfehler begangen wie im 19. Jahrhundert. Die dauernde Haltung alleine, ohne Partner in einem kleinen Käfig, ist für diesen hoch sozialen Schwarmvogel eine genauso massive Tierquälerei, wie diesem äußerst bewegungsfreudigen Tier den täglichen Freiflug vorzuenthalten.

Der Zaunkönig und der reichhaltige Immobilienmarkt

Dieser kleine Vogel mit der kräftigen Stimme hat seit jeher die Menschen beschäftigt. Darum fand der Zaunkönig auch Eingang in die Dichtkunst und wird in vielen Fabeln, Märchen, Gedichten und sogar in Dramen genannt. Außerdem war er für Musik und Malerei ein anregendes Motiv.

Der Ruf des Zaunkönigs, schlau zu sein, wurde im 6. Jahrhundert vor Christus durch eine Fabel des griechischen Dichters Äsop begründet. In seiner Erzählung beschlossen einst die Vögel, aus ihrer Mitte einen König zu wählen, wobei der die Krone erringen sollte, der am höchsten in den Himmel steigen konnte. Der winzige, bis dahin noch namenlose Vogel versteckte sich unbemerkt im Gefieder des Adlers, und als dieser am für ihn höchsten Punkt angelangt war, schlüpfte der Winzling heraus, flog noch etwas weiter hinauf und rief „König bin ich!" In ihrem Zorn über diesen Betrug sperrten die anderen Vögel ihn in ein Mauseloch, aus dem er aber wieder entfliehen konnte. Seit dieser Flucht lebt er in der Sorge, entdeckt zu werden, im dichten Gestrüpp und Unterholz als der König der Zäune.

Auch wenn die anderen Vögel seine List nicht tolerierten, so war sie doch sehr erfolgreich, da sie ihm bis heute in vielen Sprachen einen königlichen Namen gab. Nicht nur bei antiken Schriftstellern wie Aristoteles oder Plutarch fand der König Erwähnung, sondern auch in einem Märchen der Gebrüder Grimm, die die äsopische Fabel noch weiter ausschmückten und damit den Zaunkönig überall bekannt machten.

Seine zoologische Bezeichnung *Troglodytes troglodytes* geht auf das griechische Wort für Höhlenbewohner zurück und bezieht sich auf die höhlenartigen Nester, die er baut. Das Zaunkönigmännchen errichtet jedes Jahr gleich mehrere kugelförmige Nester mit einem seitlichen Eingang. Dafür verwendet er Blätter, Moos und kleine Äste, die feucht sein müssen. Das Baumaterial trocknet dann, verfestigt sich und bekommt dadurch eine hohe Stabilität. Nach Fertigstellung des ersten Nestes baut der Zaunkönig sofort weiter, beginnt mit der Balz und versucht mit seinem Gesang Weibchen anzulocken. Ist eine Dame interessiert, so zeigt er ihr all seine Rohbauten. Wird sie seine Zaunkönigin, so entscheidet sie, welche seiner Immobilien für die Brut am besten geeignet ist.

Die weiche Innenausstattung des Nestes mit Moos oder Federn erfolgt durch die Hausbesitzerin, die schließlich fünf bis sieben weiße Eier mit rotbraunen Punkten legt und diese etwa 14 Tage bebrütet.

Meist sieht man den Zaunkönig nicht, weil er sich in dichten Hecken aufhält, doch man hört seinen lauten Gesang mit einem beachtlichen Repertoire an Melodien. Er ist einer der wenigen Vögel, die sogar in der kalten Jahreszeit singen, was ihm auch den Namen „Schneekönig" eingetragen hat. Da die Menschen Singen immer mit Fröhlichkeit verbunden haben, entstand daraus sogar ein tierisches Sprichwort: „Sich freuen wie ein Schneekönig".

Der Zitronenfalter und das selbstgemischte Frostschutzmittel

Schmetterlinge haben in unseren Breiten ganz unterschiedliche Strategien entwickelt, die Kälte und den Schnee des Winters zu überstehen. Es gibt viele Arten, die als Raupe, als Puppe oder nur als Ei überwintern. Manche fliegen im Herbst in den warmen Süden. Es gibt aber nur eine einzige Art, die als ausgewachsener Schmetterling den Winter völlig ungeschützt im Freien verbringt: den Zitronenfalter.

Zitronengelb sind nur die Männchen, während die Weibchen blassgrün bis weißlich-grün sind und oft mit dem Großen Kohlweißling verwechselt werden. Beide Geschlechter haben auf jedem ihrer vier Flügel einen kleinen orangefarbenen Punkt, der aber nur im ausgebreiteten Zustand erkennbar ist. Wenn Zitronenfalter sich sonnen, falten sie ihre Flügel im Gegensatz zu vielen anderen Schmetterlingen immer zusammen und setzen sich seitlich dem Sonnenlicht aus. Dann sieht man die orangen Punkte an den Unterseiten der Flügel als bräunliche Flecken.

Der Zitronenfalter ist einer der ersten und sehr auffallenden Frühlingsboten, weil er als erwachsener Falter überwintert. Durch die wärmeren Temperaturen in den Märztagen erwacht er aus der Winterstarre, verlässt seinen Überwinterungsplatz und ist sofort sehr aktiv auf Partnersuche.

Im April und Mai legt jedes Weibchen etwa einhundert kegelförmige Eier einzeln auf jeweils ein Blatt des Faulbaums oder des Kreuzdorns. Es muss eine dieser nicht sehr häufigen Pflanzen sein, da sich die Raupen ausschließlich von diesen Blättern ernähren können. Auf diese Notwendigkeit weist sogar der wissenschaftliche Name des Zitronenfalters *Gonepteryx rhamni* hin. *Rhamnus* ist die Bezeichnung der Pflanzengattung des Kreuzdorns.

Aus den Eiern schlüpfen nach etwa zehn Tagen die Raupen, die auf der Blattoberseite leben, aber mit ihrer grünen Farbe hervorragend getarnt sind. Nach drei bis sieben Wochen kommt es je nach Witterung zur Verpuppung der Raupen. Diese hängen bei diesem letzten Entwicklungsstadium vor dem eigentlichen Schmetterling mit einem dünnen Faden fast waagerecht an kleinen Ästen. Nach zwei Wochen der Puppenruhe schlüpfen dann die Zitronenfalter. Doch nur nach wenigen Tagen des lebhaften Herumfliegens halten sie im August eine Sommerruhe und werden erst im September wieder aktiv. Mit ihrem langen schwarzen Rüssel saugen sie besonders gerne an rotvioletten Blüten, wie etwa denen des Blutweiderichs.

Wenn die kalten Tage beginnen, bereitet sich der Zitronenfalter auf die Winterruhe vor. Er sucht sich einen geeigneten Platz, etwa eine Baumspalte, ein immergrünes Efeudickicht oder eine Brombeerhecke. Auch scheidet er einen Teil seiner Körperflüssigkeit aus und reduziert somit den Wassergehalt im Körper. Schließlich produziert er noch ein körpereigenes Frostschutzmittel. Es besteht aus einem Gemisch aus Glycerin, Sorbit und verschiedenen Eiweißen. Damit kann er den Gefrierpunkt seiner restlichen Körperflüssigkeit stark senken und übersteht somit auch Temperaturen von bis zu minus 20 Grad Celsius ohne Schäden.

Mit dieser einzigartigen Überwinterungsstrategie erreichen Zitronenfalter ein Alter von annähernd zwölf Monaten und haben damit die längste Lebensdauer aller heimischen Schmetterlinge.

Josef Schöchl

HR Prof. Dr., geboren 1959 in Salzburg-Parsch als Sohn von Lebensmittelkaufleuten. Studium der Veterinärmedizin in Wien, 1986 Promotion. Amtstierarzt beim Magistrat Salzburg und beim Amt der Salzburger Landesregierung. 1994 Bestellung zum Landesveterinärdirektor. Viele Jahre verschiedene Funktionen im Zoo Salzburg, Kuratoriumsvorsitzender des Hauses der Natur Salzburg – Museum für Natur und Technik. Seit 2009 Abgeordneter zum Salzburger Landtag.

Bildnachweis

Shutterstock.com: Abinieks 150, Agami Photo Agency 138, Albert Beukhof 123, AlekseyKarpenko 119, Alex Satsukawa 74, Al'fred 63, Andreas Ruhz 70, anetapics 26, ArCaLu 114, 124, Bokeh Blur Background 1, Chase D'animulls 46, COULANGES 90, dangdumrong 66, Daniel Toh 134, Dirk Theron 50, D. Kucharski K. Kucharska 57, 69, dmitro2009 38, Don Mammoser 15, 37, Dotted Yeti 21 83, Eileen Kumpf 157, eleonimages 117, Eric Isselee 133, Ethan Daniels 54, Faviel_Raven 100, Fer Gregory 73, FJAH 154, Geoffrey Kuchera 84, GUDKOV ANDREY 32, Gonzalo Jara 93, imageBROKER.com 153, Jarous 89, Julian Schaldach 53, kajornyot wildlife photography 34, Karel Bartik 146, Kim_Briers 97, Marcin Perkowski 3, Martin Pelanek 60, Milan Zygmunt 131, Mirko Graul 111, Natalia Kuzmina 49, Neil Bromhall 81, 149, Nicola_K_photos 41, Paul Tessier 141, Pavaphon Supanantananont 22, Piotr Krzeslak 77, 103, 121, Richard Whitcombe 128, Rostislav Stach 145, Rostislav Stefanek 99, Ru Smith 87, Rosamar 109, Sergey Uryadnikov 65, Shahla Baversad 13, Simonas Minkevicius 113, SIMON SHIM 16, slowmotiongli 45, Stanislav Fosenbauer 137, SW_Stock 104, TashaBubo 78, torook 29, Vaclav Sebek 42, Vee Snijders 59, viewworld 31, Vitaliy6447 127, Vladimir Wrangel 10, wildestanimal 94, Wim Hoek 142, Wirestock Creators 25, Yakov Oskanov 107. Coverfoto: Tom Meaker/shutterstock.com
Nosoderma diabolicum (Syn. Phloeodes diabolicus) von Peter F. Schabarum/glmory (https://www.inaturalist.org/photos/3873391) unter https://creativecommons.org/publicdomain/zero/1.0/deed.en 19
Manuel Horn 158, Josef Schöchl 5